U0351612

政府治理现代化前沿丛书

网络社会时代的挑战、适应与治理转型

The Challenges, Adaptions and Governance Transitions in the Age of the Network Society

何哲　著

国家行政学院出版社

图书在版编目（CIP）数据

网络社会时代的挑战、适应与治理转型/何哲著.—北京：国家行政学院出版社，2016.8
ISBN 978-7-5150-1870-6

Ⅰ.①网… Ⅱ.①何… Ⅲ.①互联网络—社会管理—研究—中国 Ⅳ.①C916②TP393.4

中国版本图书馆 CIP 数据核字（2016）第 199912 号

书　　名　网络社会时代的挑战、适应与治理转型
作　　者　何　哲　著
责任编辑　陆　夏
出　　版　国家行政学院出版社
　　　　　（北京市海淀区长春桥路 6 号　100089）
　　　　　（010）68920640　68929037
　　　　　http：//cbs.nsa.gov.cn
编 辑 部　（010）68928764
经　　销　新华书店
印　　刷　北京九州迅驰传媒文化有限公司
版　　次　2016 年 8 月北京第 1 版
印　　次　2017 年 9 月北京第 2 次印刷
开　　本　170 毫米×240 毫米　16 开
印　　张　11.5
字　　数　175 千字
书　　号　ISBN 978-7-5150-1870-6
定　　价　35.00 元

本书如有印装质量问题，可随时调换。联系电话：（010）68929097

序 言

自20世纪60年代互联网的发明以及90年代万维网的发明以来，人类逐渐走入网络时代。进入21世纪以来，在网络以前所未有的速度覆盖和渗透到整个人类社会的方方面面时，一种新的社会形态——网络社会业已形成，人类进入到网络社会时代。与传统社会到网络社会之间的过渡时期网络仅作为一种通信工具和媒体工具不同，在网络社会时代中，网络成为人类社会最重要的生产生活要素和基础设施，人类社会传统的社会连接关系与网络连接相融合，形成了跨越时间、地域、文化等一切传统社会因素的完整的新的社会结构。自此，人类走入了新的历史阶段，形成新的文明形态。

就社会形态结构而言，网络社会形成或者正在形成全新的社会形态结构。第一，网络社会不只是虚拟社会，是虚拟与现实相结合的混合社会结构，形成了新的空间域态。第二，网络社会改变了传统时代结构中心、科层型的静态社会结构，形成非中心、非科层的动态社会结构，由此，一切基于传统社会结构的经济、社会、文化行为都因此而发生重要的改变。第三，网络社会在重塑整个人类社会结构的同时，也在深刻改变人类自身。网络时代形成新的人与人之间的交互关系，更为密集的网络关系使得人的自然独立存在状态也被深刻地重新塑造。总而言之，网络社会时代从最基本的个体生存到宏观的整个人类社会的运行结构都被深刻地改变和重塑了。

治理本身是为了塑造和构建良好的社会秩序和规则。在网络社会时代，由于整个社会结构和行为的改变，针对传统社会的治理架构与体系亟待发生深刻的变革。针对以上社会行为与结构的三个核心变革，网络社会时代治理体系的核心变革也有三个。一是要在新的虚拟与现实混合态的核心建立良好的过渡和完整的治理架构，既不能生硬地将现实社会的治理体系直接迁移到虚拟社会中，也要保证虚拟社会的有效治理和规则的建立以及与现实社会治理体系的融合。二是要形成针对网络社会经济、社会、文化等活动的新的规则体系，从而使得针对这些新的社会活动的治理有章可循。三是要形成对新时代个体生存与秩序的保护，因为网络社会将直接改变传统时代个体的自然独立存在的状态，使得个体对整个社会的依赖更强，要确保在新社会结构下的个体自由。

整体而言，本书正是对以上问题进行探索，第一章重点探讨网络社会所引发的巨大社会变革和人类所进入的新的历史阶段；第二章重点探讨网络社会与传统社会的主要结构和行为差异与新特点；第三章重点探讨网络社会引发的社会活动变化与冲击；第四章重点探讨网络社会引发的经济活动变化；第五章重点探讨网络社会引发的政治动员形式的改变和应对策略；第六章重点探讨网络社会引发的国家安全问题；第七章重点探讨网络社会所引发的个体自由问题；第八章重点探讨网络社会所引发的政府职能与组织结构转型问题；第九章探讨新时代下的治理转型策略。

本书是作者近年来研究网络社会转型与治理问题的深入思考的结果，在研究过程中，陆续得到来自国家行政学院、中央编译局、北京大学政府管理学院的多位师友的帮助和支持，并陆续得到了国家行政学院科研基金、国家行政学院决策咨询项目、国家社科基金等项目的资助，在此一并表示感谢。

受制于学识的粗浅，本书的观点与行文一定还有疏漏之处，在此特别感谢读者的宽容，并请读者多多批评指正。

作　者

2016 年 7 月于北京

目 录

第一章 网络社会时代是人类新的文明阶段

当前，一个基本的历史事实是，人类已经逐渐进入新的时代。全球网民已经超过30亿人，中国网民已经超过6.88亿人[①]，双双逼近总人口数量的一半。显示了互联网正飞速地将传统社会重构为网络社会。在迈入新时代的过程中，作为人类社会整体，无论是从宏观社会架构还是微观个体，都在由于网络的出现而经历着彻底的变革。在这一变革中，从个体的个人行为方式到整个人类社会的宏观政治、经济、社会、文化等各种社会性活动乃至人类社会存在本身，都因为网络的出现而极大地改变原有的基本模式与面貌。

一、人类正在走入新的文明阶段——网络社会的出现及其历史意义

毫无疑问，当前人类社会正在迈入网络社会时代。截至目前，一个覆盖全球30亿人的网络社会已经形成，并且还在以前所未有的速度扩展。因此，网络社会的到来已经是事实。在这一事实面前，现在不是应该讨论网络社会会带来什么的问题，而是要讨论传统社会的各种模式如何去适应这种改变的问题。

当谈及网络社会出现的意义与价值时，必须要指出，网络社会的出现从来都不是某一个或者某一些天才在网络诞生之初就能够预料到的。最初的网络，仅仅是出于最简单设备连接的动机，就如同传统的通信方式电话、电报一样。然而，随着网络连接个体数量的不断增多，从简单的几个连接到今天几十亿个个体之间的连接，从简单的科学用途到整个社会的各个方面的用途，仅仅由于覆盖范围和使用范围的指数级增长，网络就改变了其最初的技术属性而演化为

---

① CNNIC:《第37次中国互联网络发展状况统计报告》，中国互联网信息中心，2016年1月。

社会属性，并重构了整个人类社会形成了新的社会结构。因此，网络社会的整个发展，体现的是最简单的架构（连接）如何通过简单叠加，逐渐演变为复杂的社会系统的过程。因此，网络的发展和网络社会的产生，最终不是技术性的，而是社会性的。

从人类整体而言，已有的划分往往将人类社会根据核心生产方式分为渔猎采集时代、农业时代、工业时代、后工业时代、信息时代等。在工业时代之前的划分大体是确定和有共识的，在工业时代之后的划分从不同视角称呼有所不同，如后工业社会、信息社会、知识社会等。当不同学科的社会科学研究者从各自的角度重新描绘和定义工业时代之后的社会时，网络社会的横空出现改变了这种划分，在网络面前，人类社会的历史被截然分为两个时代——传统时代与以网络作为核心社会连接方式的网络社会时代。

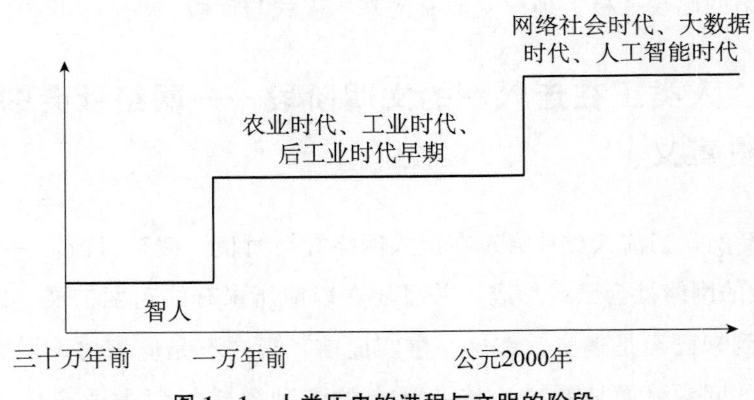

图 1-1　人类历史的进程与文明的阶段

从人类历史的阶段而言，人类历史可以分为三个明显的阶段：

1. 智人时代——早期人类的演化

如果根据当今主流的进化论的判断而言，大约在 400 万年前，人类的早期形态开始出现，大约在 30 万年前，接近现代人类的智人开始出现，标志着人类进化正在通向一个高度文明的智慧生物，从而与一般性的哺乳性动物相区分。在智人时代，人类逐渐学会使用工具和火，并出现原始的社会组织形态。

2. 现代人类——农业时代、工业时代、后工业时代早期

大约在一万年前，人类经历了经济史学界称之为第一次经济革命的重大跃

迁，人类从早期的渔猎时代，进入以种植业为主的农业时代，形成了大规模的农业时代社会组织结构。此后到公元后16到18世纪，随着第一次工业革命的出现，人类逐渐进入大规模垂直专业化分工与大规模市场交易的工业文明时代。“二战”以后，人类逐渐进入后工业时代的早期。很多人认为工业革命是人类历史上一次划时代的转化，但是如果从大的时代转型来看，工业时代与农业时代乃至后工业时代的早期相比，有两个核心的人类社会行为方式没有转变，一是整个社会结构依然是等级科层制，这一点没有核心改变；二是整个社会依然仅仅依赖于物理存在，这一点没有本质的改变。因此，在更大的划分尺度上，农业时代、工业时代与后工业时代早期都属于同一个时代。

3. 新的历史阶段——网络社会时代

进入21世纪以来，网络技术的普及和其与人类社会生产生活的深度嵌入，使得人类形成了一种新的社会结构，从而人类整体进入了新的历史时代，可以称为网络社会时代。尽管互联网技术最早发明于网络社会时代，之所以与传统社会时代相比可以称为一种新的历史阶段和社会形态，是因为网络社会对传统社会的两个基本的形态与存在方式产生了深刻的变革。

一是社会组织方式与信息交换方式。传统社会中，由于信息交换渠道的不畅，因此从信息的提供方到信息的需要方，一定需要中介者和中介渠道，并且由于中介者的信息优势地位，往往处于核心的社会位置；信息交换渠道的不畅，必然形成为了降低社会信息交换成本和管理困难的社会等级化体制，也就是说，无论是农业、工业还是后工业时代，社会结构一定是稳定的层级结构，因为只有这种层级的命令链才能形成最有效率和最低成本的社会管理体系。这是社会运行所必需的稳定结构。唯一不同的是，由于技术在传统时代中不同阶段的进度不同，信息交换的渠道有可能缩短，社会层级也有扁平化和动态化的趋势，然而，这种层级结构并没有被彻底的改变。网络社会从根本上改变了这一点，网络社会形成的大时间空间尺度的及时高效信息交换能力，从根本上改变了需要用等级科层制来维持社会结构的技术基础。

二是存在方式的改变。在传统时代，一切社会运行和个体行为的基础都依托于现实社会，受制于现实物理条件的制约，而网络时代，人类第一次创造了整个群体的新的共生形式——网络虚拟存在。这种存在使得人类第一次在生产生活信息和物质交换等各个行为中能够摆脱物理条件的制约。这既改变了人类自身的生存空间，也改变了人类对客观实在的认知。因此，网络社会可以称为一种新的社会结构与历史时代。

也正因为此，著名的社会学家曼纽尔·卡斯特尔在其《网络社会的崛起》一书的结论部分，用憧憬但不无忧虑的复杂态度指出，有人认为网络社会是人类历史的终结，但实际上网络社会是人类历史的“新的开始”。①

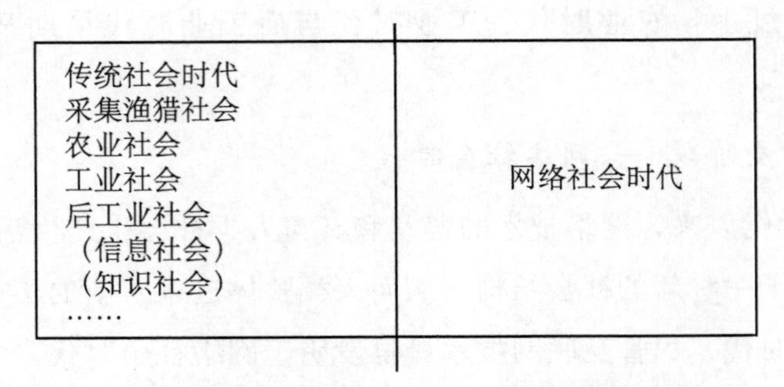

图 1－2　传统社会与网络社会的历史分野

正因为以上两种根本的改变，网络社会即将成为与传统时代截然不同的新的人类时代。

二、网络社会的实质

如上所述，网络社会的出现在信息交换和社会结构以及存在方式两个角度重新塑造了人类社会，这也正是网络社会出现的实质。

对于网络社会，已有的研究已经有大量的界定，无论哪种界定，总是从网络的技术维度与社会维度两个层面进行，仅有的区别是各自的维度不同。从技术维度讲，将网络社会界定为由于互联网技术连接而创造的虚拟数字社会；从社会维度来讲，将网络社会界定为以网络为核心生产与生活方式的整

① 曼纽尔·卡斯特尔：《网络社会的崛起》，北京：社科文献出版社，2001 年，第 578 页。

个人类社会新的形态[①]。随着网络社会不断呈现出越来越多的社会属性和在整个人类社会各个层面所发挥的作用，网络社会的社会属性越来越被研究者所认同，乃至于趋向认为，网络社会是整合了人类的虚拟数字存在与现实存在，以网络为核心生产、交易、生活方式的人类社会现实与虚拟存在的连续统一体[②]。

无论如何从概念上去界定网络社会，都需要认真去探究网络社会背后的实质，网络社会与传统社会实质性的差异，体现在以下层面。

（一）网络社会是人类社会前所未有的强连接形态

从人类历史的角度来看，人类历史的进步，就是人类不断改进社会内部连接方式的历程。而人类社会之所以称为社会，也因为个体之间形成了稳固的社会连接和社会组成，而正是这种社会连接和关系也塑造了人类本身。所以马克思认为："人的本质是社会关系的总和。"

从原始社会结绳记事、象形文字以及其他原始的信息记录与交流工具起，一直到工业社会的电报、电话、汽车、飞机等现代化的连接方式，整个人类社会一直都在持续地改进自身的连接方式的进程中。而这一不断改进的进程，在网络时代，终于达到了极致：可以通过极低的成本，构建出整个人类社会个体与个体之间的全向连接。即任何一个个体可以与任何一个遥远的个体形成直接的即时连接而不需要任何中介方也不需要付出额外的成本。这种改变促使了一种人类社会前所未有的强连接形态的形成：根据研究显示，网络社会整体上服从六度空间理论的约束，即整个社会人与人之间的距离不超过六个个体，因此，世界上的几十亿人被约束和限定在六个个体的密集距离的小世界中[③]，形

---

① Dijk V. J. (2012), The Network Society (3ed edition). Thonsancl Oaks: SAGE Publications Ltd. pp. 22-43；郑中玉，何明升：《"网络社会"的概念辨析》，《社会学研究》，2004年01期。

② 何哲：《网络社会的基本特性及其公共治理策略》，《甘肃行政学院学报》，2014年03期。

③ 六度分隔理论也被称为小世界理论，1967年由著名社会学家Stanley Milgram提出，在传统社会中并没有被充分验证，但在网络社会中得到充分验证。参见Amaral, L. A. N., Scala, A., Barthelemy, M., Stanley, H. E. (2000). "Classes of small-world networks". Proceedings of the National Academy of Sciences, 97 (21): 493-527; Kleinfeld, J. (2002) "Could it be a big world after all? The 'six degrees of separation' myth." Society, 39 (2): 61-66.

成了人类社会前所未有的强连接形态。

当整个社会的连接距离被严重缩短后，世界的面貌和运行方式都被彻底的改变。连接意味着信息的交换，人类通过信息的交换才指导着整个社会的分工，物质资料的重新分配，物质资料形态的改变，价值的重新分配和使用等。因此，信息交换存在于人类社会运转的全过程。传统社会为了保障信息交换的有效性、防备风险等建立了种种制度，例如信息收集制度、信用制度等，而当任何个体与任何个体可以直接建立信息交换并在这种基础上形成物质交换时，很多传统制度存在的基础就随之消失。因此，人与人之间建立直接的连接这一事实的意义，看似轻微，实际上影响深远。

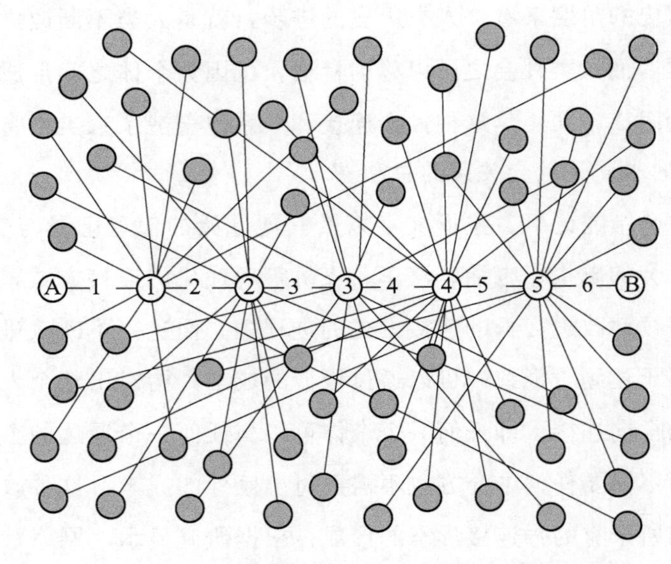

图 1－3　网络形成了六度空间的小世界结构

（二）网络社会是人类社会新的存在方式

除了强连接外，网络社会还重新提供了人类社会的存在和运作方式。这种存在和运作方式的改变不只是传统社会的社会组合形态的改变，例如农业社会的分散式个体存在到工业社会的集约式个体存在的改变，网络社会的存在改变是根植于个体的意识基础之上的改变，其直接作用于个体意识的存在感知，通过创造“真实”而实现个体的新的存在。

从个体的存在而言，人类个体的存在感由两个层面构成，一是社会存在感，二是感知存在感。从社会存在来说，网络技术的出现极大地扩大了人类的交际范围，并且可以形成传统社会关系的网络再现，通过网络社会群落形成个体的社会存在感。从感知存在而言，新的计算机虚拟仿真技术，通过作用于个体的感官，从而形成个体新的极具真实的时间感与空间感。这就重构了人类个体的感知存在。人类还能够以人工智能技术创造新的智能体，并且以人类形象出现。这就进一步重新界定了什么是真实，什么是人类存在。也正是网络社会的出现，人类第一次系统地颠覆了对存在和真实的认知，重新思索什么是存在①。

在创造新的个体存在形态的基础上，整个人类社会都将被网络虚拟存在所重新界定。无论是经济、社会、政治、文化乃至所有的社会活动，都将产生网络存在的形态。也就是整个人类社会都将以网络空间为基础形成新的存在形式。这种存在形式，彻底颠覆了传统人类社会受“真实”的物理空间的制约，将产生出种种难以想象的奇特的社会结构。因此，网络社会是人类新的空间域态。

（三）网络社会是覆盖传统与虚拟的混合态社会

对于网络社会，通常认为其只是由于互联网连接而形成的虚拟社会。然而，这种观点是极为片面的。其仅是将网络社会视为一种通信工具，而掩盖了网络社会所蕴含的巨大的历史变迁意义和对社会结构变迁的影响。实际上，互联网与传统的通信技术有着本质的区别，这不仅体现在交互的跨时空高度的便利与迅捷性上，更为重要的是，网络一方面可以提供长时间的持续在线连接，并能够使个体产生强烈的真实存在感（如虚拟现实技术），从而使个体产生强烈的真实存在感。另一方面，网络通过海量数据的交互，实现了与现实政治、经济、社会等活动的密切结合，从而使得很大一部分原先必须在现实社会中完

---

① Bostrom, N. (2003). “Are we living in a computer simulation?” The Philosophical Quarterly, 53 (211): 243-255.

成的活动得以迁移在网络，最终形成了一个以网络为核心连接方式和工具，包含网络存在与现实存在的混合态社会。因此，随着网络社会的进一步发展，很难去区分网络社会的虚拟存在还是现实存在，网络社会最终将成为跨越虚拟与现实存在的连续统一体。因此，我们所指的网络社会，绝不是指计算机网络中的社会，而是以网络为核心连接方式的整个人类社会。这正如当人们谈到工业社会时，并不是指工厂或者产业体系内的社会结构，而是指以规模化大机器工业为核心生产方式所塑造的整个人类社会。

认清网络社会是跨域虚拟与现实的混合态社会的本质后，就可以很清晰地了解到，网络社会所产生的社会影响，不仅停留在网络上，更对现实社会产生强烈的冲击，在新的社会结构形成后，传统社会中的一切组织必然会因为新的社会结构形态的产生而相应改变。

三、如何看待网络社会

当谈到网络社会的本质时，我们给出了网络社会是虚拟与真实混合态的判断，然而这并不意味着人类在网络社会一开始出现时就产生了这样的判断，人类对网络社会的认识观点，经历了从虚拟到现实再到真实虚拟混合态的观念变迁，而且在不同的观点背后，也隐藏着不同的治理理念。

对于网络社会特性的研究和相应公共治理策略的探索，首先离不开对网络社会概念的界定。很多研究往往将网络社会视为一种默认或者已经接受的概念，而不去深究网络社会概念的内核。实际上，对于网络社会概念的理解与相应的治理策略是高度相关联的，用什么样的视角去界定网络社会，就有什么样的策略与之相对应。虽然，对于网络社会的概念学术界讨论很多。然而，总体来说，当前存在三种对于网络社会的不同视角的观点和相应的概念，以及由此产生的相应的治理理念和策略。这三种基本的视角和概念大体为：一是网络社会的虚拟社会观；二是网络社会是现实社会的延续观；三是网络社会是现实社会与虚拟社会的混合形态观。

（一）网络社会的虚拟世界观

这一种观点在最早的网络社会初兴起时较为流行[①]。这种观点的基本出发点是将网络社会视为完全由信息设备的硬件和在相应信息通路所组成的信息网络所构成的纯虚拟世界。而这一虚拟社会中，与现实社会并不存在密切的对照关系，网络社会中的主体以完全虚拟化的形态存在和交流。

网络社会的虚拟社会说的核心是认为网络社会是独立存在的，与社会不发生联系并以其完全不同的形态运行的虚拟空间。因此，网络社会的行为对现实社会的行为影响很有限，并且在网络社会中也不需要如现实社会中一样严格针对主体行为进行束缚。

网络社会的虚拟社会说所对应的基本价值观点是认为网络社会是自成一体的，应该采用自由放任的态度和策略来进行治理。因此，完全的放任和崇尚自由是网络社会虚拟社会说所秉承的一种治理理念。表现在实际治理策略上，就是强调网络社会中的自由，反对实名制、反对制定网络法律、反对因为网络社会的行为而受到实际法律制裁等。

这种观点集中体现在约翰·巴洛在《网络社会独立宣言》中所公开声明的：

“工业世界的政府们，你们这些令人生厌的铁血巨人们，我来自网络世界——一个崭新的心灵家园。作为未来的代言人，我代表未来，要求过去的你们别管我们。在我们这里，你们并不受欢迎。在我们聚集的地方，你们没有主权。”……“我们正在创造一个世界：在那里，所有的人都可加入，不存在因种族、经济实力、武力或出生地点产生的特权或偏见。我们正在创造一个世界，在那里，任何人，在任何地方，都可以表达他们的信仰而不用害怕被强迫保持沉默或顺从，不论这种信仰是多么的奇特。你们关于财产、表达、身份、迁徙的法律概念及其情境对我们均不适用。所有的这些概念都基于物质实体，

---

① 刘友红：《人在电脑网络社会里的“虚拟”生存——实践范畴的再思考》，《哲学动态》，2000年第1期。

而我们这里并不存在物质实体。”①

（二）网络社会的现实社会延伸观

与网络社会的虚拟社会说截然不同的另一种观点认为，网络社会只是一种通信手段的提升，与传统的通信网络、电话网络等没有实质的区别。因此，网络社会也只是现实社会的一种正常的延伸，网络社会的行为反映了行为主体的行为。

网络社会的现实社会延伸说的核心是根本否定网络社会的独立存在状态，认为网络社会的本质与现实社会没有不同，并不是独立存在的体系。网络社会是现实生活的延伸和投射，网络社会反映了现实社会的需求，网络社会中的行为也是实际行为的反映，因此，网络社会中的行为个体都需要如同现实社会一样进行严格的治理。

由于认为网络社会只是现实社会的一种自然延伸，网络社会的现实社会延伸说的相应治理理念认为，应该将对现实社会中的治理手段严格地应用在网络社会中，应该像现实社会中一样治理网络社会，网络中的行为个体要严格为其行为负责并承担现实社会中的实际责任②。具体表现在策略上，就体现在强调要严格实现网络的实名制，加强网络内容的审查、控制，加强网络的监管和立法等。

（三）网络社会的虚拟真实社会混合态观

简而言之，以上两种观点，一种倾向认为网络社会是完全独立运行的虚拟社会；一种认为网络社会只是现实社会的投射和反映。从治理策略来讲，一种强调网络社会的自由与独立，主张放任的办法；另一种强调网络社会是真实社会的反映，主张沿用现实社会中的治理手段进行严格的监管和控制。但实际上以上两种观点都有所偏颇，因为一种没有看到网络社会与现实社会的巨大联系，而另一种没有看到网络社会所具有的完全不同的特性。因此，对于网络社

① 约翰·P. 巴洛，李旭，李小武（译）：《网络空间独立宣言》，《清华法治论衡》，2004 年。

② 肖红春：《网络实名制的正当性基础》，《理论与改革》，2012 年第 4 期。

会，需要一种新的观点来进行思考。这种观点可以称之为网络社会的虚拟真实混合态说。

与以上两种观点不同的是，网络社会的虚拟真实社会混合态说对以上两种观点进行了扬弃，认为网络社会既不是完全独立的虚拟社会（因为的确体现了大量实际社会生活的要素），也不是完全意义上的现实生活的延续（因为网络社会的确存在相对独立性和与现实社会运行的一些截然不同的特点），网络社会是完全严格意义的数码组成的虚拟世界与现实社会的一种共生态。因此，这种视角下的网络社会的概念并不是单指计算机网络体系，而是认为虚拟空间已经与现实社会密切地融合在一起，形成了一个互相独立又相互影响的高度结合的共生的存在方式。那么网络社会就是这种既包括虚拟社会又囊括真实社会的共生态（或者称之为第三态）社会①。

在这种视角下，网络社会既具有了纯粹虚拟世界的相对独立性和完全不同的特点，又表现为与真实社会的高度关联性，这种混合态的观点，也是本书所采取的基本的对待网络社会的观点，相应的治理策略也是基于这种基本出发点而来的。从基本的治理策略而言，认为既不能采取自由放任的态度，也不能严格进行类似于现实世界的管制，而要针对网络社会所形成的相对独立的新特点采取新的治理策略（图 1－4）。

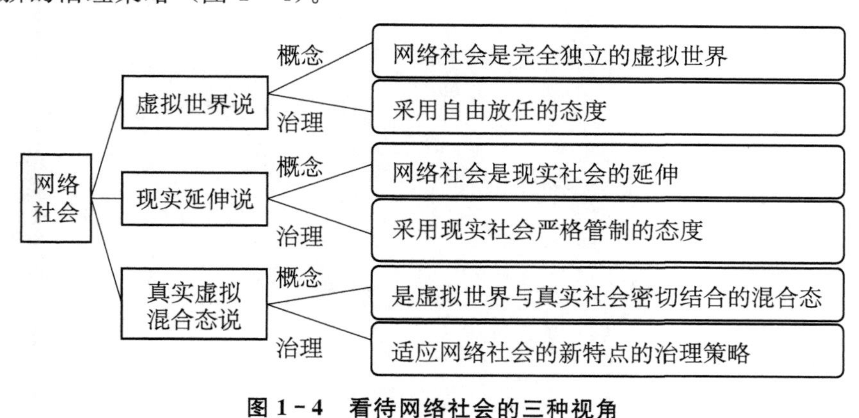

图 1－4　看待网络社会的三种视角

① 我们可以将没有与网络发生联系的理想现实社会称为第一态，完全与现实世界脱节并不影响真实世界生活的理想虚拟世界称之为第二态，而将网络与现实世界高度关联形成的网络社会称之为第三态。

总而言之，人类对于网络社会的认识也随着人类网络社会本身的不断拓展而不断更新，越来越多的观点认为，网络社会将深刻地改变人类社会的整体面貌，其不再是一种相对于传统社会的新的网络空间，而是与传统社会密切整合，创造出一种新的文明形态①。

小　结

本章重点分析了网络社会时代的重大历史意义，提出了网络社会是新的社会结构、新的空间域态和真实虚拟态的混合社会，因此是人类文明进化历程中新的历史阶段和新的文明形式的观点。提出并剖析了网络社会的虚拟世界观、现实社会延伸观和虚拟真实混合态观的三种基本看待方式和其隐含的治理逻辑。总而言之，人类必须要正视和做好迎接新的历史阶段和文明形式到来的预期，并在各个方面做好战略与策略准备。

---

①　正如谷歌公司的执行董事长施密特2016年的多次座谈会中提到"互联网将消失"，其核心不是互联网将消失，而是由于互联网对传统社会的整合，使得形成了新的社会形态，互联网不再是与传统社会相区别的社会结构，因此其真实意思是，不是互联网将消失，而是传统社会结构将消失，人类将产生新的文明形态。

第二章　网络社会改变和挑战了什么

网络社会的出现，在塑造形成新的文明的同时，极大地改变和挑战了传统的社会运行结构和方式，其核心要点有三：一是对个体的影响与改变；二是对社会经济、社会运行方式的改变；三是治理方式的改变与挑战。这种改变，本质上是由网络社会结构的新特点与新结构形成的。本章将从网络社会的新结构与新特点入手，揭示网络社会与传统社会结构、组织、运行方式的核心不同。

一、网络社会的新组织结构特点

网络社会具有三个层面的属性：一是网络社会所具有的自身基础属性；二是网络社会作为复杂系统中，所具有的复杂系统的特性；三是不同的国家文明环境下的网络社会还有自身的属性。

（一）网络社会的基本属性

网络社会的基本属性首先来自网络信息技术本身。其基本特性体现在以下七个层面。

1．跨时空性

网络社会本质是跨时空性的，主要表现为网络之间的交流超越了通常的时空限制，可以做到即时性、跨地域性；并且由于网络信息的储存与检索机制，既往的网络事件和信息也可以对后来的事件产生极为强烈的影响。

2．高度的流动性与动态性

由于网络信息传播与交流的跨时空性，使得网络社会中虚拟的个体本身具有高度的流动性。在极短的时间内，某一网络虚拟社区或者热点话题就会聚集大量的网络个体，产生极为强烈的公众舆论效果和动员能力。

3. 冲击与对抗性

由于网络社会高度的流动性与跨时空性，使得不同地域、不同背景、持有不同观念的人们能够在同时进行思想的交流和碰撞。原先被时空限制的思维碰撞在网络空间中得以爆发。

4. 隐蔽性

隐蔽性是网络社会的重要特性。隐蔽性体现在两个方面，一方面现实个体可以拥有多个网络身份，并且可以伪造网络身份而不易被察觉，加剧了这种隐蔽性；另一方面拥有技术优势的一方可以更好地隐藏自己。

5. 权力的转移与技术的对等性

在传统社会中，政府由于拥有更大的资源优势和法定的暴力权，所以从力量对比而言，它拥有绝对的优势。而在网络时代，谁拥有技术谁就拥有更大优势，所以，整体而言政府的绝对优势被极大地削弱。网络主体之间呈现出大体均等的态势。

6. 极为松散的结构体系

由于权力的转移和技术的大体对等，使得网络整体上呈现出极为松散的特性，一方面表现为基本组织结构的松散型；另一方面也表现为网络社会中缺乏主流的意识形态，而呈现出极为多元的各种思想和观念的汇聚。

7. 跨国性和文化干预性

传统时代，跨国之间的文化交流受制于传统媒介和渠道的控制，从而使得国与国之间意识形态的交流更多地表现为间接性。然而在网络社会时代，各国网民之间可以互相通过网络进行直接的对话与交流，而有目的的意识形态输入也成为可能，这就更加增加了一国网络治理的复杂性。

（二）网络社会的基本动态结构特性——复杂巨系统的特性

系统理论是用来描述和解释系统的结构和特性的理论。系统既包括自然系统（例如环境、自然以及更为具体的物理、化学、生物系统），也包括由包括人为制造和控制的机械系统和社会人文系统等。可以说，世界中所有事物都自成一个系统并且成为更复杂系统的功能单元。因此，系统理论是试图解释自然或者社会凡是有结构的复杂体系的形态、结构、特性与运动规律的一种基础普适理论，而不仅仅是局限在工程应用或者解释自然科学领域的问题，也广泛适用于解释社会系统的问题[①]。

传统系统理论和相应的控制理论主要针对的是相对系统结构比较简单，能够比较精确地得知系统结构互相作用的传导机制从而进行有效控制和干预的简单系统。而复杂巨系统理论描述的系统与传统的系统不同，主要是指由形态功能各异，个体具有自主性，个体之间互相作用机制高度复杂，并且数量极为庞大的个体组成的系统[②]。由于每个个体具有自主性，系统以一种个体间互相作用而演化形成系统运行规律的特点，这一类系统往往也被称为多主体自适应系统（自适应是指系统的运行规则是自发生成的）。无论是复杂巨系统还是多主体自适应系统，由于其具有的个体自主性，个体行为和个体间交互的高度复杂性，个体数量极为庞大，其本质都是一样的，最典型的代表是社会系统而不是人工设计的工程机械系统或者简单的自然系统。如果从以上的定义出发，仅仅从单纯的构成结构来看，网络社会的本质是一个复杂巨系统。因此，具有鲜明的复杂巨系统的特征。

1. 网络社会的组织结构本质上是一个复杂巨系统

尽管我们已经认为网络社会是一个复杂巨系统，然而这样的界定，还是要从网络社会的基本构成特征来分析。

第一，组成网络社会的基本行为主体众多。网络社会，如果不考虑计算机硬件等设备[③]，网络社会中的主体是由网络中的行为人所组成的，这一组成的数量是极为庞大的。根据中国互联网中心统计，如果仅仅以上网的自然人来统

---

① 关于系统理论和复杂性问题，请参考颜泽贤：《复杂系统演化论》，北京：人民出版社，1993年；欧阳莹之，《复杂系统理论基础》，上海：上海科技教育出版社，2001年。

② 钱学森，于景元，戴汝为：《一个科学新领域——开放的复杂巨系统及其方法论》，《自然杂志》，1990年第1期；戴汝为：《复杂巨系统科学——一门21世纪的科学》，《学会》，1997年第11期。

③ 如果仅从计算机相关的硬件设备组成来看，互联网也是一个典型的开放的复杂巨系统，参见戴汝为，操龙兵：《Internet——一个开放的复杂巨系统》，《中国科学E辑》，2003年第4期。

计，截至2016年1月，中国网民数量已经高达6.88亿人。这仅仅是自然人，而在网络社会中，同一个自然人往往具有多个网络身份（网络ID），因此，网络社会中的网络主体是远高于6.88亿的数量的。

第二，网络社会主体组成高度复杂。以上仅仅是数量上的众多，而在网络社会中，网络主体不仅仅是单个的网络人，还包括各种网络组织，网络组织不仅仅是现实生活组织的延续，还是由于兴趣、观点、身份等不同而形成了复杂的网络群落，并且这种复杂的组成不受地域、身份等的限制。因此，网络主体的组成复杂性远远超过了真实社会。

第三，网络社会的行为主体之间关系复杂。在网络社会中，由于网络通信的便利性，使得网络社会中的行为主体之间的沟通不但体现了现实社会中的互动关系（现实社会中的互动关系已经异常复杂），并且由于网络社会中的互动脱离了时空的限制，使得原先不存在的互动关系在网络社会建立了起来，从理论上来说，网络中的任何人之间都可以发生互动关系。不仅仅是网络人个体，还包括网络社会中各种形态（组织与组织之间，组织与个人之间）的互动，这就产生了极为复杂的互动关系机制。

第四，网络社会的脱离时空性加剧了网络社会的复杂性。以上的复杂性其实在真实社会中也是存在的（真实社会也是一个复杂巨系统）。然而，网络社会由于其存在和网络中主体的交流不受时间、地域（主要是不受地域限制）的限制，因此这极大加强了网络社会的复杂特性。因为传统社会中的交流受地域的约束很大（同时也受阶层、身份等限制），而且传统社会的交互性和复杂性比网络社会要低得多。此外，网络社会所具有的匿名性、多身份性、隐蔽性等特征也加剧了复杂社会的特征。

从以上的基本的组成结构特征可以看出，网络社会的本质就是一个多主体（自适应）的复杂巨系统，并且这一复杂巨系统特征比传统社会更加明显。

2. 网络社会作为复杂巨系统的特性

由于网络社会仅仅从单纯的结构组成和运行特征上表现出明显的复杂巨系统的特征，因此我们首先要分析复杂巨系统的一些基本特征。复杂巨系统的特征很多，但通常来说，与网络社会治理高度相关的特征主要包括：非中心性、协同性、自组织性、不确定性、突发性等。

非中心性。所谓非中心性，主要是从复杂巨系统的静态结构和动态的运行机制来界定的，从静态的组织结构来讲，非中心性表现为系统不是围绕某一个中心节点和组织展开的，表现在网络社会中，体现在网络社会中不存在一个节点和主体（包括个体和组织），所有的节点和主体都是围绕这一节点或者主体展开的。而从动态机制来说，非中心性是指系统中不存在一个部分对其他部分发布控制命令从而控制整个系统的运动。针对网络社会而言，动态的非中心性就是网络中的主体是互相对等的，不存在一个网络主体能够对其他主体的行为发布命令，从而控制整个网络的运行。

协同性。协同性主要是描述复杂巨系统运动机制的，由于复杂巨系统中不存在协调其他部分的中心控制部分。因此，系统中的运动机制是由于组成系统的部分之间的互动而形成的。而具体在网络社会中，协同性表现在网络社会中主体的行动是受着相互影响相互作用的，而不是由于某种单一的控制形成的。

自组织性。自组织性是与协同性高度相关的，由于复杂巨系统的协同性，从而整体演化出一套有序的自发运动规律，尽管这种自发运动规律不是由于预先的设计形成的，但其整体上依然表现出了有序的规律。具体在网络社会中，体现在网络社会中在大量主体之间的互动情况下，依然演化出了一些有序的规律。

不确定性。不确定性是与以上的非中心性、协同性、自组织性高度相关的。由于网络主体的数量众多和复杂性，以及运动中的非中心性和协同性，尽管在整体网络上呈现出了一些有序的组织，然而对于网络中具体的某个点和某个事件而言，其状态呈现依然是不确定的。具体在网络社会中，表现为由于对网络社会主体和运行机制的复杂性和信息的高度流动性，使得某件事情上的网络信息，所酝酿的情绪、意见，以及发生的事件等是无法明确获知的。

突变性。突变性是与不确定性高度相关的。这种突变性，在复杂巨系统中，常常被描述为涌现机制。具体而言，由于网络中的某个具体节点和事件的状态是无法明确获知的，并且网络社会中高度的信息流动性和脱离时空性，使得网络社会中在某一个点或者事件上，在某一个时刻可以突然聚集极大的舆情能量，产生明显的网络事件，并影响到现实社会，从而导致现实社会事件的发生。

以上就是网络社会作为复杂巨系统所呈现的特征，当然，我们说传统社会本质上也是一个复杂巨系统，然而正如之前所述，网络社会由于其自身的特征，呈现出更为明显的复杂巨系统特征。表 2-1 呈现出了这种与传统社会的比较。

表 2-1 传统社会与网络社会特征的对比

	传统社会	网络社会
组成方式	稳定的中心科层型结构	动态的非中心型非科层型结构
控制机制	存在单一的权威中心	不存在单一的权威中心
组成的个体	复杂的个体和社会组织	复杂的个体和组织，然而个体具有多个身份和隐匿性
运动机制	受已经制定的社会规则制约	受原有社会机制约束较少
社会规则的产生	有明确的程序以产生社会规则	没有明确程序以产生社会规则，社会运动机制更多是由自发互动形成的
主体互动受条件的制约	受到地域、身份等约束	不受地域、身份等制约
是否不确定性	事物发展特征较为明显，不确定性相对较低	事物发展阶段性不太明显，呈现出明显的不确定性
突发性	存在突发性，然而公共事件发展依赖实体资源聚集，阶段特征等较为明显	高度突发性，事件发展不依赖实体资源聚集，发展阶段特征不太明显，公共事件发生存在高度的突发性

（三）网络社会所具有的国别与文明特殊性

以上只是单纯从复杂巨系统分析了网络社会的特征，然而，任何国家的网络社会都是受制于自身的政治、经济，乃至文化、民族等特征的。因此，当分析针对某一具体的网络社会治理策略时，还需要针对具体网络的特征进行分析。

以中国的网络社会为例，中国的网络社会与其他国家的网络社会肯定呈现出多种明显的不同。其中有几个最为明显的特征是中国的网络社会高度的分化性、冲突性、政治性和对现实的影响性特征。

1. 中国网络社会的高度分化性

中国网络社会的高度分化性既是当前中国在转型时期高度分化的现实社会的网络反映，也是与中国网络社会出现的独特时机相关的。也就是通常所说的，中国是在工业化的同时进行的信息化所决定的。在传统的工业化社会中，工业化所产生的稳定的社会结构和较为一致的主流价值观念及社会运行规则的形成，在网络社会出现后，自然而然地有利于网络社会形成较为稳定和一致的结构。而中国的网络社会是伴随着农业经济向工业经济转型，农业社会向工业乃至后工业社会转型，原本的价值体系被新的价值体系所高度替代的时候产生的。因此，网络社会中呈现出高度的分化性，这种分化性既表现在网络主体身份的分化性，也表现为观念、价值、利益的高度分化性。

2. 中国网络社会的高度冲突性和暴力倾向

高度冲突性是与高度分化性相关的，由于网络社会中主体的复杂性以及所具有的身份、观念、价值、利益等的分化性，所以网络中就呈现出不同观念的高度对立。这种高度对立体现为网络中缺乏明显的共识性的价值观念，并且这种价值的冲突无法用有效的方式进行消解，这种无法消解的对立在现实生活中往往最终演化为暴力活动的发生，而在网络社会中则表现为高度的暴力倾向，这在当前频频爆发的网络暴力事件和由网络所引发的现实暴力活动中可以得到证明。

3. 中国网络社会的高度政治性

以上两种特性虽然明显存在，然而还不是中国网络社会中最为明显的特性。中国网络社会最为明显和复杂并产生明显的治理困境的是中国网络社会的高度政治性。这种高度政治性可以从很多方面发现：例如，中国网络中所讨论的内容相当大一部分是政治内容，包括小到自身的政治诉求、投诉、抱怨，大到讨论国家大事等。另一个明显的特征是，世界各国的网络社会发展都已经经历了从第一代的电子布告栏（BBS），第二代的点对点的即时通信（MSN，QQ

等），进入到第三代的互动网络社区（Facebook 等）的阶段。而在中国的网络社会，第一代 BBS 依然大量存在，并且 BBS 中主要集中了大量的政治性内容。

中国网络社会的政治性是与多种因素高度相关的，例如中国传统文化中家国天下的传承，以及当前从小对公民的教育强调要关心国家大事等。但是最为重要的是，中国素来缺乏公民的政治诉求反映渠道。也就是公民无法通过正常的政治规则和政治生活来实现其自身的意见表达和参政议政，表达和实现自身的利益诉求。而在传统正常的政治诉求渠道不通时，网络提供了一个公民自由宣泄和表达自身政治情绪的渠道和平台。因此，大量的政治观点被席卷到网络平台中，并且经过各种个体和组织之间的互动与发酵，有些仅仅停留在口头表明，有些就积蓄到不可遏制的程度，从而在现实生活中宣泄出来，形成对传统社会产生影响的公共事件。

4. 中国网络社会对现实的高度影响性

坦率地讲，如果不是网络生活会影响到现实生活和秩序，从功用的角度而言，我们当然可以不去理会网络社会发生的事情，也就谈不上对网络社会进行治理的问题（这也是我们之前分析的典型的第一种观点）。然而，正如我们所说，网络社会是一个虚拟与现实形成的混合态。因此，网络生活天然的会影响到现实社会，并且这种影响在中国表现得更为明显。这种高度的影响性基本上是由两方面的原因所造成的，一方面是中国传统政治对于民意的重视，强调统治者要重视民意。这种民意的重视传统直接反映为作为治理方的政府对当前网络民意的高度重视。另一方面，则直接与之上所提及的中国网络社会的高度政治性和暴力性相关。如果不是高度的政治性，则网络社会中的各种思潮的汇聚也不会危及实际治理体系的运行；如果不是高度的暴力性，也不会对传统现实社会生活产生极大的冲击。现实也证明了这一点，近来的大多数群体性事件很少不是由网络传播和组织动员的，并且由于网络的卷入，使得单一的群体性事件成为全国乃至国际性的事件，典型的如瓮安、乌坎等事件。

正是因为网络社会对现实政治的高度影响性，才导致对网络社会的治理策略进行研究的紧迫性和重要性，这是后文要进行具体探讨的。

二、网络社会与传统社会的属性比较

根据以上的分析，可以看出，网络社会与传统社会相比，具有以下几个核心的区别。

一是组成方式。传统社会是典型的依据身份“地位”“财富”权力等因素形成稳定的等级层次结构的（尽管这种制度可能是有形或者无形的），而网络社会是去中心化的社会，是典型的非中心结构，这也就打破了传统的稳定的层次社会结构。

二是控制机制。传统社会存在稳定的权威中心，因此社会的主要制度和运行机制来源于这一稳定的控制权威中心，而网络社会不存在这样的中心。

三是社会组成的个体。传统社会的基本单元是自然人和自然人组成的组织，而网络社会中的个体可以是自然人和社会组织，也可以是虚拟的个体和组织。

四是社会运动机制。传统社会中的各种活动受到既有社会规则的限制，而网络社会中的活动受到原有社会规则的限制较少。

五是社会规则的产生。传统社会规则的产生有着明确的产生程序，例如代议机构，或者社会其他契约形式。而网络社会中的社会规则产生没有这样明确的形成程序。

六是主体之间互动所受的制约条件。传统社会中受到明显的地域身份的限制，也就是说同时受到物理条件和社会条件的制约，而网络时代无论是基于地域的物理条件还是基于社会身份的社会条件都不再成为核心的制约要素。

七是社会发展的不确定性。传统社会中事物的发展遵循较为稳定的规律，不确定性程度较低。而网络社会中各种现象和事件的发展具有明显的不确定性，因此对于事态的发展很难做出准确的判断。

八是公共事件的突发性。传统社会的公共事件虽然也具有突发性，但是由于受到物理条件（例如场所“人群聚集”沟通成本以及其他所需资源的制约），相对公共事件的突发性较低，一般都有很多明显的现实征兆。而网络社会中，由于公共事件的组织不严格受现实条件和资源的限制，公共事件的爆发往往具有极大的突发性，这也是网络治理中的难点问题。

小　结

本章重点探讨了网络社会与传统社会在基本属性上的差异，认为网络社会的特性包括三个层面：一是网络社会自身的基础属性；二是网络社会作为复杂巨系统所具有的动态属性；三是不同国别与文明的网络社会具有不同的特性，如中国网络社会具有典型的政治性。与传统社会相比，网络社会在组成方式、控制机制、组成的个体、运动机制、社会规则产生、主体互动受条件的制约、社会状态的不确定性以及突变性角度都有明显的不同。因此，正是这些不同，引发了整个社会结构和行为以及相应治理模式的重大转变。

第三章　网络社会时代的社会行为变革

在以下三章，我们将依次分析网络社会的出现对传统社会行为、经济行为和政治行为的改变与冲击，并为政府治理体系的改革与适应打下理论基础。就网络社会对社会行为的改变而言，其依然停留在两个方面，一是网络社会自身产生的社会变革；二是对中国社会而言，网络社会还产生了特殊的影响与冲击。

一、网络社会所引发的社会行为变革

（一）网络社会产生了新的社会个体形式

在传统社会中，社会个体只能是一一对应的自然人，而在网络社会中，首先网络个体既可以是一一对应的自然人，即一个网络个体可能对应着多个自然人，同时一个自然人也可以以多个网络面目出现。此外，社会组织、企业、政府等组织都可以以网络个体的形式出现从而与自然人以对等的方式交流。这对传统的社会关系产生了颠覆性的影响。

（二）网络社会改变了人类基本的生产、生活与交往和行为的方式

在新的网络个体产生的基础上，网络社会对传统社会最大的改变是改变了传统社会中面对面的交往方式和直接、即时并必须身临现场的生产生活方式。这就打破了原有在生产生活中的时间与空间限制。生产生活和交际从此进入到一个全新的模式中。

（三）网络社会改变了人们对空间和时间以及存在的重新认知

当人类基本的交际和生产生活方式脱离了真实空间和时间的限制从现实生

活中转移到网络空间和时间中，那么相应的就改变了原先对于什么是空间什么是时间的认识。时空并不仅仅被唯一理解为真实的物理时空，虚拟现实技术甚至使人类可以在网络时空中保持大体相当的存在感，从而引发了人类对什么是存在的重新思索。

（四）网络社会改变了人们传统的信息获取和思维模式

在网络社会之前，传统手段人们获取的信息量是非常有限的，而在网络社会时代，人们获取信息的手段多样化，信息呈现出极端爆炸性，无论是从对信息的辨别、筛选还是信息的处理和加工以至于人们的思维模式都发生了明显的变化。典型的是从串行的线性信息处理向并行的信息处理转化。

（五）网络社会改变了人们思想和言论发布的渠道和方式

在传统社会下，人们发布自己的言论的方式只能通过直接的言语传播和间接的文字传播，而公开发布文字是需要比较烦琐的程序和审核的，因此，整个社会中只有一小部分群体实际掌握着向公众的传播权和能力，而在网络社会中，任何个体都有不经过审核向其他无特定目的的第三方公众群体发布消息和传播信息的能力，这就极大地颠覆了原先单一简单的传统社会信息发布模式。

（六）网络社会易于汇集形成新的思想、思潮同时也鼓励了创新

在信息获取和处理的渠道以及人们发布信息的方式改变后，由于大量信息的融合和交汇，也更加容易产生新的思想火花，加之快速的传播渠道，一方面容易形成创新，另一方面新的思想也更加容易的扩大影响，找到认同，从而汇集成新的思潮。因此，在网络社会中，各种思潮不断风起云涌是一种网络社会的常态。

（七）网络社会构成了新的公共空间特别是新的政治空间

在传统社会中，所谓的人类的公共空间是极为有限的，只有广场等实际可以聚集公众的场所才能称为真正的公共空间。而在网络社会中，任何一个网络

社区，任何一个网络沟通媒介都可以形成一个有效的公共空间。这就人为地促进了人们就公共事务产生更多的交流，从而对政治、社会、公共管理等都容易产生更多的思考、议论和行动。

（八）网络社会拓展了现实对人的各方面制约，重新整合了社会

以上提到的种种方面的影响，总而言之其核心就在于，网络社会通过及时便捷的超越时空的沟通能力和强大的信息发布与检索存储机制，极大地扩展了现实对人的各种约束，既包括生产生活的，也包括对思想和精神层面的约束。人的能力得到了极大的提高，同时社会以前所未有的方式更加紧密地整合在一起。在网络社会中，个体的能力得到极大的提升的同时，个体和社会的界限也将逐渐模糊。

二、中国当前时代的特殊性下的网络社会引发的挑战

网络社会之所以成为焦点，一方面是因为其是新的技术形态，另一方面也与当前网络社会出现时的整个社会背景高度相关。整体来说，当前网络社会的蓬勃发展恰好与当前中国社会所面对的新阶段、新问题如整个社会出现较大的贫富差距，社会分层与对立等高度相关。从而也加剧了对网络社会的治理难度。

（一）当前中国经济社会发展新阶段、新问题

毋庸置疑，从20世纪90年代末期至今，中国社会逐渐进入一个新的阶段，产生了种种新的问题，从而导致了原先单一治理模式的逐渐失败。尽管对于当今中国社会所面临的新形势和新问题有很多种描述，但简而言之，这些新问题、新情况主要表现在以下六个方面：一是经济快速转型引发的多种经济形态的混合状态；二是经济社会快速发展下分配扭曲形成的阶层分裂；三是社会阶层分裂导致社会意识的对立与冲突；四是社会矛盾加大，社会冲突形式多样，原有单一治理模式受到挑战；五是公民社会兴起而产生治理主体的多元

化；六是公民生活水平提高和权利意识的增强导致对政府服务能力不断提出新要求和挑战。这些问题都挑战了传统的公共治理模式，并与网络社会的治理问题高度相关。

1. 经济快速转型的多种经济形态的混合

从经济角度而言，当今中国社会经济形态最主要的特征就是多种经济形态的混合，这种经济混合形态既包括了产业上如农业、工业、服务业的产业混合形态，也包括了国有、民营、外企以及小规模的个体经济、小农经济、手工业经济、个人服务等各种产权形态的经济混合形态。总而言之，中国当前的经济是一个高度复杂、高度分化的经济形态，这种经济形态上的复杂性和混合性都对原有的治理模式产生了极大的挑战。

混合的经济形态相对应的必然是混合的社会组织形态。准确地说，中国经济发展正处于一个从农业经济向制造业经济飞速跃迁的同时开始了向服务经济转化的阶段，而与之相对应的社会状态就是从自然经济的农业社会在向工业社会转型尚未完成时同时向后工业社会转型的过程，相应的经济与社会组织形态也就同时表现了三者的混合。

根据国家统计局统计，以三次产业经济规模计算，形成了第一产业占9.2％，第二产业占43.7％，第三产业占48.1％的格局。因此，从经济规模来讲，中国已经逐渐步入了以制造经济和服务经济为主的经济时代，并且服务经济的速度正在加速增长。尽管如此，但如果以就业人口来衡量，第一产业约占29.5％，第二产业占29.9％，第三产业占40.6％①，中国经济呈现出明显的以农业为主导，各个产业就业均衡的事态。

因此，如果仅仅从经济规模的衡量来看，中国当前的经济形态已经进入了以制造业和服务业为主的经济形态；然而，如果以就业人口为主来衡量，当前中国社会依然呈现出从相对较为基础的农业到技术和产生附加值相对较高的制造业和服务业各个部门基本均衡的形态。

由于政府治理的对象，不仅面向产业，而且针对具体的公民。因此，以就

① 本节数据来自国家统计局：《中国统计年鉴2015》。

业比率为衡量基准更能反映当前混合经济形态下产生的治理困境。

通常来讲，混合经济形态要求更为复杂的治理模式，是因为不同形态的经济与就业人口所期待的公共服务需求和治理方式有所不同。

对于传统的农业经济而言，一般来说，治理相对较为简单，从业公民的活动范围不大，活动类型也比较简单。因此，政府治理的内容一般包括收税、赈灾、提供基本的公共安全、提供法律服务等。对于经济的治理内容，基本上是相对自由放任的，对于基层的治理，也基本上是采取乡村自治的形式。

进入到工业时代，工业化要求的集约式生产方式、高度的纪律性、明晰的产权、完善的市场交换体系和流通体系，对政府的治理提出了新的要求。一般而言，工业化的时代，要求政府更强有力地提供诸如市场秩序、法律秩序包括产权等一系列保障市场交换和机械化大生产的制度。从对个体的角度，相对于注重个体的基本权利的保障却忽视了个体个性的宣扬等。社会产业与产业间的联系也比较少，社会组织较为缺乏，社会中组织形态主要是大型的工业组织。因此政府治理的核心在于维护市场交换的基本制度，在治理模式上以刚性的管制为主，在政府的治理中强调提高效率。

而进入到以服务经济为代表的后工业时代，服务经济成为社会经济的主要形态。从本质上来说，服务经济是以围绕人的根本需求和体验为核心的经济形态。服务经济形态下产业与产业间高度融合，产业间的纽带高度发达，社会中的各种经济和社会组织高度发达。由于人的需求和个性的满足成为服务经济形态下的主要目的，因此作为个体的人的作用极大加强。这不仅体现在作为经济需求的满足，也体现在对政府公共服务的多方位渠道的满足。更为具体地说，服务经济形态下的政府治理更加强调保障公民多元的需求和降低整个社会服务活动的交易成本，传统的、单一的刚性治理模式必然无法有效地与之相适应。

由于中国社会经济发展的特殊性，中国的治理困境从经济上来说就是需要同时满足传统的农业社会的治理、工业社会的治理和后工业社会的治理。因此，既要满足相对独立的乡村自治需求，又要实现面向工业化大生产的高效的市场治理，更要面对后工业社会中不断完善多元的公共服务需求，并要保障公民的基本权利和满足复合的个性化的需求和降低整个社会服务的交易成本。

2. 经济社会快速发展下分配扭曲形成的阶层分裂

如果仅仅是传统的经济形态复合因素的影响，那么当前的治理模式还不至于面对太大的挑战。因为，在自由经济体制下，各个产业间的要素相对自由流动，生产率不会相差太远，至少是在同一产业内的生产率不会相差太远。因此，整个社会的基本结构能够维持一个大体均衡的社会结构。然而，当前社会所面临的另一个与经济高度相关的对治理模式挑战的因素是当前经济快速发展并且由于分配制度扭曲所引发的阶层分化和阶层对立。

在一个相对稳定、中产阶级占据绝大多数的社会，所有社会中的公民大体形成了一个稳固的枣核型结构。这种结构下的社会，大多数公民形成了较为一致的群体性需求。因此，政府的相对治理内容较为简单，只需要满足大多数的一致性的公共需求并兼顾两端少数人群的利益即可。然而，当前中国社会由于分配制度的相对扭曲，形成较为明显的社会分层和相对畸形的社会结构。具体而言，根据学术机构的抽样统计（北京师范大学收入分配与贫困研究中心[①]），当前中国10%的人群大约占据41.4%的财富。整个社会形成了一个高度分化和相互对立的阶层格局。而根据北京大学2014年的入户调查显示，城市基尼系数高达0.73。[②]

在一个高度对立的社会中，政府治理的困境就在于很难在互相对立的阶层之间实现平衡和取舍。任何向某一方面的政策摇摆，都会损害到另一对立面的利益。更为重要的是，由于占据财富的阶级在影响政策制定方面具有天然的优势（或者本身就是政策制定者），因此，面对收入差距扩大，拥有大多数财富的一方试图通过政策手段来照顾到对立面的利益，是非常困难和不大可能的事情。因此，如果没有更加有力的手段，这种恶性的分配扭曲状况会更加严重。

社会阶层对立对于政府治理的挑战还不仅仅在于会导致政策的摇摆不定，更重要的是会进一步导致绝大多数的人群对少数占据多数财富的人群的敌视，并且这种敌视会迁移到政府身上，因为会认为这种不公正的分配结局是政府有

---

① 胡贲、寇爱哲：《中国式贫富分化的数据之困》，《南方周末》，2010年6月10日。

② 邹桥：《北大版“0.73基尼系数”与官方数据并不矛盾》，中国经济网，2014年07月30日。

偏的制度形成的。因此，对政府的信任和公信力会逐渐削弱和丧失。

3．社会阶层分裂导致社会意识对立与冲突

社会阶层的对立是经济分配扭曲的自然结果和表现，然而，社会阶层对立不仅加大了政府治理的困难，还加大了对政府的不信任程度。更为重要的是，社会阶层的分裂还导致了严重的社会意识的对立与冲突。

社会意识指一个阶段内一个国家社会中所存在的主要的社会思潮和思维方式。社会意识对于形成一个国家社会的社会共识，促进社会的整合，增加社会信任和社会资本的存量，形成社会成员的认同具有重要的作用。在一个社会意识冲突更少的社会，相对而言整个社会的矛盾大大减少，对抗性的社会公共事件也大大减少。

对于当今中国社会，由于经济形态的多元化，社会生活的多元化，以及多元的外来思潮的影响，加之分配扭曲导致的社会阶层的对立，社会中阶层与阶层，集团与集团的社会意识的对抗性大大加剧。这集中体现在两种意识的对抗性上，一种是官民之间的社会意识的分歧；另一种是围绕着一些重大的政策、事件等的民与民之间的社会意识的分歧。然而，可以发现，民与民之间的社会意识的分歧也主要是围绕官方的意识展开的争论，因此，当前社会意识分歧的核心是官民之间的社会意识分歧。

这种社会意识的分歧体现在多个层面，在最高国家意识形态认同层面，对于当前的一些基本的国家制度层面，存在着一些基本认同、理念的官民之间的认同意识分歧；此外，围绕一些具体政策层面，也存在着一些基本的官民对抗；更为普遍的是，在具体的局部的决策或者公共事件方面，存在着一些基本的社会意识方面的官民分歧，主要体现在对官方发布的基本信息的不认可，对政府行为的不认同等等。

4．社会矛盾加大，社会冲突形式多样，原有单一治理模式失败

社会意识的对立与冲突最终在行动上表现为对抗性的社会行为的出现，通常称为群体性事件的出现。根据不完全统计，当前群体性事件呈现出连续的高发阶段，根据相关统计，从1993年到2003年间，中国群体性事件数量已由1万起增加到6万起，参与人数也由约73万增加到约307万（2005年中国《社

会蓝皮书》统计数据），最近几年每年的群体性事件数量都约在十万起（2010年《社会蓝皮书》）。可以说中国社会已经进入了一个社会矛盾密集暴露的高发期。从群体性事件发生的原因来说，主要包括征地、拆迁、企业改制、劳资关系、军转人员安置、涉法涉诉、环境污染、灾害事故、社会保障等领域。而从群体性事件的类型来看，可以划分为“基于权力指向的事件、基于利益表达的事件、基于情绪宣泄的事件、基于理念声张的事件”。[①] 无论怎样，社会矛盾的增大和对抗性活动的增多，都是一个不争的事实。

数量的增多只是一个方面，从冲突形式来看，冲突的形式亦包括不同程度的暴力非暴力的形式。而最近群体性事件明显呈现为向两端的极端化，例如某些城市的罢市事件就集中表现为明显的与政府不合作的非暴力形式而某些城市基于环境问题的群体性事件集中表现为明显的暴力形式。

这种复合的多种冲突形式，极大地挑战了原有的社会治安和应急治理体系。例如，当非暴力抗争发生时政府表现为比较明显的缺乏预案和法律框架内的乏力。而当极端暴力形式发生时，政府又面临着控制暴力程度能力不足等问题。

这些矛盾冲突，都体现了原先基于单一管制型的政府统治模式已经无法有效地实现多元社会下的社会共治的治理模式的需求。因此，传统的治理模式亟待改变。

5. 公民社会的兴起与社会治理主体的多元化

公民社会的兴起是近年来中国社会领域的重大的新的趋势和事件。公民社会主要指以社会组织为形式和媒介的独立于政府、市场的社会中的第三方力量。公民社会的兴起挑战了原先以单一的“政府＋市场”的单向社会组成结构，而形成了“政府＋市场＋社会”的三方共治的社会组织形态。

在原先的二元的政府＋市场的社会形态中，政府主要通过相对集中的管制对市场进行宏观调控、制度构建、运行指导等。“经济＋政治”的二元模式使得政府只需要和市场进行互动即可，并且这种互动主要表现为政府单向的调控

① 张明军，陈朋：《2011年中国社会典型群体性事件的基本态势及学理沉思》，《当代世界与社会主义》，2012年第1期。

和微弱的根据市场需求的反馈等。

而在公民社会的兴起后，对原先单一的“政府＋市场”模式进行了重构，社会成为独立的第三方。一方面，社会从原先负责主要的公共秩序提供的政府一方承担了相当一部分公共治理的职能；另一方面，社会也逐渐扩展，将市场中简单的主体之间的竞争与交换关系演化为协同与合作关系。因此，社会的出现是逐渐从政府和市场两方面同时自然的让渡权力的结果。

截至目前，根据不完全统计，中国各种类型的公民社会组织已经超过了三百万个。这些公民社会组织在保障少数群体权益、保护环境、促进公共安全建设，维护市场经济秩序，促进社会阶层间的信息技术交流，促进社会共识的形成，加强官民沟通等方面起到了重要作用。

然而，公民社会的兴起必然要求原先单一的政府管制模式需要进行深刻的变革，需要重新确立单一的政府与市场的界限，而划分出有效的政府与社会，社会与市场之间的界限，将能够社会自治的领域交给社会自我管理，这就必然对原先的治理形态产生深刻的影响。

6. 公民权利意识和公共需求日益增强导致对政府服务能力的挑战

伴随着经济的发展、教育的提升、公民社会的不断发展、改革开放的外来文化的影响等多个因素的共同作用，中国社会公民权利意识正在不断增强。这不仅表现在公民对自我的权利的强调，强调个体权利不受其他社会个体的侵害，更体现在公民对政府要求的增强。一方面要求政府不能侵害公民个体的基本权利如人身权、劳动权、公平权等；另一方面要求政府能够积极地保障和提供给公民的各项基本权利，这些权利包括参政议政权，知情权等，前者是公民的消极权力；后者是积极权力。

具体而言，对于消极权利，有数据表明，对于官民之间的诉讼，近年来数量一直在持续增长，根据统计，2015 年前九个月行政诉讼案件数量就超过 40 万件。而对于积极权利，主要体现在参政议政的积极性和对政府信息知情权的迫切要求上，例如多个地方的个人参选人大代表并成功当选；以及多个针对部委的信息公开诉求等。

必须承认，公民权利意识的增强是社会进步与文明的体现。因此，政府应该也有责任去完善保障公民的各项基本权利，特别是基本的人身权利和政治权利。然而，现有的政府治理模式还远远达不到社会公民权利增长的现实期望。

（二）网络技术推广应用带来的环境变化

中国当今已经完全地步入了网络化社会，这已经是一个不争的事实。网络技术的快速推广和网络社会时代的到来极大地重构了社会组织结构和人们对社会结构的一些基本认识和理解，并极大地瓦解了传统的自顶向下的单向树状政府管制体制。因此，对政府治理的模式和手段等都产生了极大挑战和提出了新的要求。

1. 网络信息技术传播导致的公民诉求的自由表达和公共舆论的多元化

网络时代的到来和信息技术的推广对传统社会的第一个直观的冲击和变化是公共舆论的多元化。在传统社会中，公共舆论的导向是由单一的政府部门统一发布的，政府掌握有绝对的舆论权。公民群体的独立舆论尽管存在，然而是受着严格的地域和时间限制的，主要是体现在口口相传上。而由于出版印刷渠道亦被政府所掌握，因此，以印刷体呈现的公共独立舆论亦被严格管制。因此，在非网络时代，公共舆论很难呈现出多元化的独立存在，而主要体现为政府单一信源、单一渠道、单一价值观导向的公共舆论状态。可以说，在这种状态下，并不存在严格意义的公共舆论，公共舆论空间只是单独的发布—接受的过程。

在网络时代下，这种传统的单一模式被完全的颠覆。由于公共网络的信息发布不需要也无法做到事先的筛选审核。而网络中的每个个体都具有了向相应的网络群体公开发布消息表达意见的权利和能力，信息的流动完全呈现出在海量个体中的全向网络的动态传播，因此传统的单向的树状信息发布审核传播体系已经完全被多源自由的传播体系所取代。

伴随着通过网络手段，公民个体具有自由的传播渠道和信息发布能力之后，公民的诉求可以有效地表达。从而原先被单一权威信息所覆盖的个体意愿逐渐外显表达出来。而具有相近个体意愿的个体在网络中逐渐靠拢，形成了具有特定价值体系和社会意识的群落。具有不同社会价值观念的群落通过互动表达，向整个社会传播各自的价值观念，形成各自的舆论导向。因此，网络舆论逐渐呈现出明显的非中心化的特征。

因此，在这种非中心化的信息传播模式下，不同的个体和组织能够充分表达自身的意愿和诉求并能够在网络上进行充分传播。由于社会的分化，各个群体具有不同的意愿和价值观念，因此，网络上的意识也呈现出与现实社会中一一对应的分化和多元的舆论状况。这种不同的多元舆论也往往呈现出对立或者合作的不同的状况。但整体而言，信息技术发展所形成的舆论多元化是信息社会与原先传统社会的最大不同。

舆论多元化的影响不仅仅只是停留在社会意识或者网络意识阶段，而是要在现实社会中进行表达和以社会行为进行表现，对现实社会秩序和原先的单一的治理权威进行挑战。因此，必然要求政府进行相应的改变。一方面要承认这种舆论多元化的现状；另一方面也要不断适应和通过自身的组织和治理方式的变革以适应这种多元性。通过保障不同群体的公共权利，提供多元的公共服务，通过引入社会参与等共同治理来满足不同群体的政治诉求等。

2. 网络信息技术推进促进社会组织的兴起

尽管公民社会的兴起已经成为一种社会发展阶段中的必然，并且从本质上在网络信息技术不发达的状态下公民社会也会自然而然的产生并对实际的公共社会政治生活发生作用。然而，网络信息技术快速发展和推进的确加速了公民社会的快速发展和形成。这一点在那些原本公民社会不发达而又经济快速发展的转型社会中表现得尤为典型。

网络信息技术推动社会组织的形成和公民社会的发育主要体现在以下几个方面。

第一，网络信息技术的推动使得多元的利益诉求和表达的显露，使得原先隐藏在主流价值观念下的具有相似需求、价值观念或者诉求的个体之间互相得以辨识和互相靠拢，从而具有相似需求偏好、价值观念或者诉求的群体之间通过这种自我识别和定位靠拢在一起，自发的形成公共组织。而在原先的传统社会中，由于单一的舆论和社会控制，使具有某种相似需求和导向的公民很难得以识别和靠拢。因此，就相对在形成具有数量的组织群落方面比较困难，而网络信息技术的推广极大地颠覆和改变了这一点。

第二，网络信息技术的推进极大地降低了社会组织自我建构和发展的内部成本。社会组织能否有效发展，一个重要的原因是取决于组织建构和发展的成本大小，这种成本包括各种交互成本。而当组织的成本极为高昂时，这种组织行为就不会发生，或者组织即便形成，其组织规模也往往不会变得很大。而网络信息技术的快速发展，特别是互联网的发展，极大地加快了社会中信息交换的速度和降低了成本，信息的传播几乎可以做到瞬时性和跨越时空性，这就使组织成本极大的降低甚至可以低到忽略不计的程度，而组织和动员某种社会活动的难度也大大地降低。因此，社会组织的规模也可以发展到很大。

第三，网络信息技术的发展也使社会组织的运作更加具有独立性和隐秘性。传统社会中，社会组织的活动，特别是在组织阶段往往都以现实中的手段进行，而这些手段都很容易被政府所掌握。因此，公民社会的独立活动往往无法进行确保。这也一定程度上抑制了公民参与社会组织的动机。尽管绝大多数公民组织的活动与政治或者法社会主题无关，但由于基本的隐私无法得到尊重和保护，公民也不愿意参与到社会组织中。而网络信息技术特别是互联网的出现，极大地改善了社会组织活动的独立性和隐秘性。即使政府能够有效地对一些活动进行监控，但大多数的存在于网络上的信息交换和通过网络信息交换形成的社会组织的活动都无法被有效监控。从公民的角度而言，基本的隐私权的尊重和保障使公民更加有意愿参与到社会组织之中。由此，社会组织的运作也可以更加独立地以公民个体的意愿来进行组织。

3. 网络信息技术推进导致的公共政治空间的出现鼓励了公民提出政治诉求

网络信息技术发展，特别是网络技术的发展和应用，所产生的另一个根本性的重要影响是导致了新形态的相对独立的公共空间的出现。这直接对原有针对现实社会的僵化的治理模式产生了根本性的冲击和颠覆。

在原先的单一高度管制的社会中，由于无论是经济还是社会组织都处于高度的控制之下，因此，社会是没有完全意义的公共空间的。所谓实体的公共空间在大多数时间并不存在，例如通常认为的如广场等公共场所，都是在严密的管制之中的。基于公民自由初衷所设立的公共空间并没有基本的相对独立性。而这种缺乏公共空间的状态在网络社会中得到了彻底的改变。

网络社会从本质上不仅仅是提供了原先社会中的新的信息交换模式，而是提供了社会中个体的一种新的存在方式。在网络空间中，除了高度依赖于生理机制的衣食住行的无法满足外，个体可以实现在现实生活中的高度类似的信息获取、信息交流、社交等社会满足，并且可以长期的在互联网上保持社会联系。这种社会联系的存在，使人的存在方式发生了本质上的变化。

个体存在方式的改变和新的网络存在形式的产生，使得社会的存在也发生了相应的变化和改变。基于个体交流的公共空间就相应的得到了产生。

由于网络空间本身的特性所致，所以网络上的公共空间本质上就是相对于传统公共空间而独立存在的。因此，试图按照原先的管制方式对网络公共空间进行管理本身就是完全没有基本可行性的。由于这种网络空间一旦形成，已经与整个社会的经济、社会、文化、政治等各种实体活动紧密嵌套，高度关联。因此，这种公共空间一旦出现后，只能进一步的发展，与传统社会进行进一步的高度整合而不会缩减或者消失。缩减或者消失都会损害社会、政治、经济的发展并且意味着文明的倒退而不是进步。

网络公共空间的出现，不仅仅只是一种公民意见表达的平台，也是公民各种社会活动和社会关系维持的平台。因此，网络公共空间的出现将彻底地改变实际生活的行为方式，也包括社会的组织形态，相应的政府管制方式也必然要求变更。具体而言，就是公民的个体权利将进一步的得到满足，社会公共秩序的提供必然依靠独立的公民和相应社会组织的多方共治而不是简单的原先的单一的统治。

4. 网络信息技术的推进产生导致内外部信息的交换和整合

网络信息技术的推进另一个更为明显的效应是导致了基于国家范围的信息域界的打破，这进一步导致了全球范围的信息交换和整合。这种整合一方面极大地促进了全球化的发展，使生产交换等经济活动的范围更广泛，形式更完备，效率更高。但另一方面也对传统社会的基于国家和文明的人类存在方式产生了冲击，这种冲击集中表现在三个方面。

（1）基于国家的信息疆域的逐渐淡化

由于互联网的公共空间的存在是以自由的遍布全球的互联网络为基础的，

而这一网络公共空间是没有国境限制的，信息得以在全球自由、充分地流动。因此，原先的基于国境的信息控制策略在网络公共空间基本失效。因此，国家的信息边界基本上是逐渐淡化的。

（2）内外部思潮的涌动和冲击

信息边界的消失所产生的直接影响是原先被物理边界隔绝的外部思潮等可以以完全开放的形式向内部涌入。在网络社会下，原本充分发育的内部产生的多元思潮与对抗又被外部涌入的思潮所影响，从而使网络社会中的多元思潮的涌动变得更为复杂。

这种复杂性体现在社会中思潮即形成了以官方权威发布的主流价值观和民间主流价值观念混合而成的价值形态并形成冲击，而在表象的主流价值观下又形成了种种多元的潜在的意识潮流，并且不同的意识潮流往往伴随着真实社会中的具体事件而反复的交替显现，并对现实生活产生影响。而在外来信息潮流涌入的影响下，内部原先的意识潮流又因为外部潮流的涌入而分化，在“官方—民间”“民间—民间”的思潮的反复冲突和叠加之上又形成了“内部—外部”思潮的三元的主要的思潮对立。这更进一步加剧了社会内部的分化和治理的难度。

（3）不同文明与制度的直接面对与冲击

伴随着信息边界的消失和内外部思潮的交互涌动，一个直接的结果就是原先被信息边界所保护的一个国家的真实状况，特别是文明的进程和制度的状况将无保留地暴露在其他文明和制度面前。不同文明与制度之间会产生明显的互相比较和影响，并且往往会产生强烈的相互冲击，特别是发达国家的制度文明对发展中国家产生强烈的冲击。

尽管在网络信息技术不发达的传统时代，通过国与国之间的交流，不同文明之间也可以互相了解。然而，传统时代的互相了解依然是模糊和高成本的。而在信息边界模糊的网络时代，这种文明之间的暴露是完全毫无保留的。

更重要的是，传统时代的文明之间的沟通，即使信息有所掌握，也是掌握在少数群体之中的。而在网络时代，不同文明的暴露是直接面向一个文明和制度中的全部个体的。这就是说，社会中的每个微观个体都直接地感受到了内外部文明和制度的差异并切身的产生了变革的需求。这种来自全社会的变革的微观需求往往会在文明内部产生强大的变革需求。这就使原先相对不完善的制度不得不进行相应的调整和进行变革。这种变革的趋势无一例外地在世界各国得到了体现。

这种文明之间的暴露和冲击将产生两个后果。相对不完善的制度会通过整合相对完善的制度形式，来提高自身的发展水平和治理能力，这是积极的一面。消极的一面是，往往有些相对不发达的国家有可能促使内部的变化并产生试图直接向更发达国家的制度形式的跃迁努力而忽略了文明发展和制度演化的路径依赖，从而产生演化路径的断裂最终导致跳跃式跃迁努力的失败。因此，信息边界模糊带来的社会发展和制度进步的机遇和风险是同时存在的。

小　结

本章重点对网络社会所引发的社会行为挑战和中国当前复杂环境下向网络社会跃迁所引发的更为复杂的社会问题。在一般性的社会行为挑战层面，产生了八个核心挑战：一是网络社会产生了新的社会个体；二是网络社会改变了人类基本的生产、生活与交往和行为的方式；三是网络社会改变了人们对空间与时间乃至存在的观点；四是网络社会改变了人们传统的信息获取和思维模式；五是网络社会改变了人们思想和言论发布的渠道和方式；六是网络社会易于汇集形成新的思想、思潮同时也鼓励了创新；七是网络社会构成了新的公共空间特别是新的政治空间；八是网络社会拓展了现实对人的各方面制约，重新整合了社会。而从当前中国的复杂性社会现状来看，网络社会的形成还产生了四个方面的重要改变：一是网络信息技术传播导致的公民诉求的自由表达和公共舆论的多元；二是网络信息技术推进促进社会组织的兴盛；三是网络信息技术推进导致的公共政治空间的出现鼓励了公民提出政治诉求；四是网络信息技术的推进产生导致内外部信息的交换和整合。这些都共同构成了当前中国网络社会治理转型的复杂性问题。

第四章　网络社会时代的经济模式转型

网络社会时代引发了经济领域的重大变革，新的经济模式的形成与发展已成为一种历史必然。一切传统时代的现实经济行为都会在网络时代得以重构、变革和创新。在网络经济蓬勃发展的同时，也应该对网络经济的核心本质和内在逻辑进行审视。可以发现，网络经济与传统社会经济模式存在明显的不同：传统社会受制于社会信息交换方式与处理能力落后形成的计划与市场两种经济模式和制度架构，在网络社会时代都将产生深刻的转变。由于网络社会实现了信息的充分交换，因此，供需双方之间可以实现直接的信息交互，从而大幅度降低整个社会中的交易成本，这直接改变了传统计划模式与市场模式严格划分的现实基础。因此，网络经济是跨越计划与市场的新的混合经济形态。本章分析了这一实质性的改变，揭示了其内在的逻辑，并提出若干前瞻性的展望。

一、网络社会时代所引发的新经济模式的出现

人类在进入网络社会时代以来，经济模式的改变是最直接也是最广泛的。根据马克思主义的观点“经济基础决定上层建筑”，生产力水平和生产关系的形态决定了人类文明的划分。从原始时代的渔猎采集经济，到农业时代的种植经济，到工业时代的大机器工业经济，到后工业时代的知识经济与服务经济，都体现了经济本身在人类生活和文明划分中的重要作用。

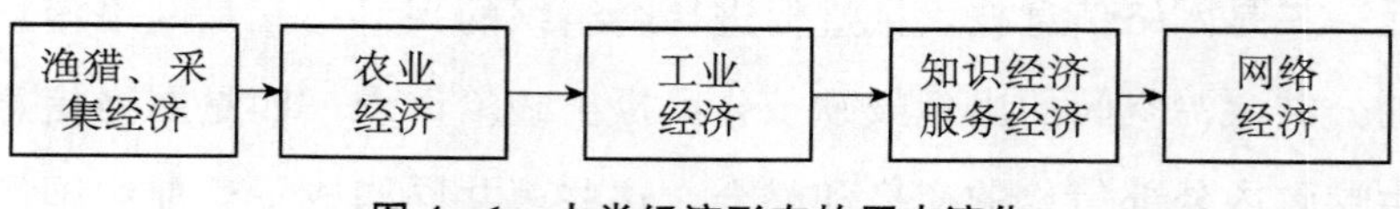

图 4－1　人类经济形态的历史演化

进入到网络社会时代，人类经济的工具、能力、范围、组织结构等都因为互联网的深刻嵌入而形成了全新的经济模式，一种广域、即时、智能、动态的

新型经济体系正在形成。

然而，当整个社会在享受网络经济所带来的巨大便利、极高效率和面对其发展的巨大的前景时，对于网络经济背后的深层次理论问题还并没有足够清晰的认识和探索。因此，我们需要回答清楚网络经济的一些基本的本质属性。

具体而言，通常在传统经济中，经济体系可以划分为计划与市场两种模式，两种模式各有其内在的运行逻辑和相应的治理手段。一个自然而然的问题是，网络经济到底能否同样归为这两种模式的一种，还是网络经济超越了计划与市场的划分。如果网络经济能够被纳入到传统的模式中的一种，那么对网络经济基本属性的认识以及所采用的相应治理手段就可以延续原先的传统模式，而如果网络经济实现了在模式上的超越，那么产生这种超越的根本性原因是什么？由此产生的相应治理策略应该是什么？

以上可以归结为关于网络经济的三个问题：一是网络经济的实质是什么，是否能够归纳为计划还是市场某种传统模式划分中？二是如果网络经济是一种对传统经济模式实质性的超越，那么产生这种超越的原因是什么？三是根据其内在的逻辑，网络经济未来的发展趋势是什么？

二、传统经济的典型模式——计划与市场

对于传统经济而言，典型的划分是将其分为计划与市场两种模式。这两种模式在形式与逻辑上表现迥异，然而深入探索其实质，却可以发现其存在共同的逻辑。这种共同逻辑，也表现了传统经济形态与网络经济形态最大的区别。

（一）传统计划体制的典型模式

对于计划体制而言，其基本的形态是这样的：由于整个社会的生产者与消费者散布在整个社会的各个角落，信息交流不畅，导致生产者无法预知消费者具体的需求分布，而消费者也无法定位到生产者并告知整个需求。因此，社会通过政权体系，建立完整的生产信息收集与计划分配系统。每个消费者并不面对生产者，而是直接面对计划体系。同样，每个生产者也并不面对消费者，而

是直接面对国家或者中央计划者。整个经济形成这样的循环：国家收集消费者的需求并归总；国家收集生产者的生产资源信息；通过归总需求信息与生产资源信息，国家向不同的生产者下达生产指令；国家征集生产者的产品；国家向消费者配给资源。

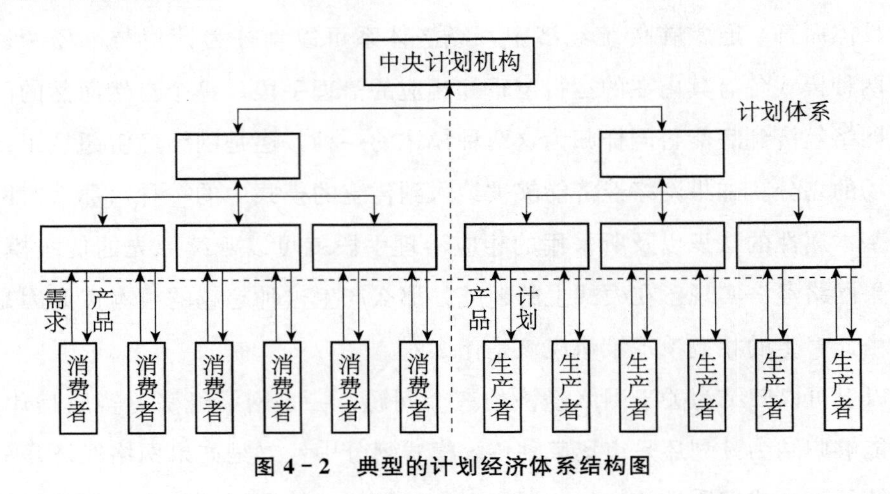

图 4-2　典型的计划经济体系结构图

图 4-2 描述了这种结构，在水平虚线以上是一个多层的计划体系，这一计划体系根据不同的层级形成严密的科层结构。而整个计划体系又根据面对对象不同分为两大块：在垂直虚线左侧的是面对消费者的体系，在垂直虚线右侧的是面对生产者的体系。在经济体系的运行周期中，首先所有的产品消费者都需要向最基层的计划单元提交需求，然后这一需求信息被层层归类汇总，并最终汇集到最高中央计划机构。中央计划机构根据所掌握的生产资源信息，再通过右侧的生产组织体系逐层下达生产计划，并最终发送到所有的生产者（厂商）处。随后，厂商组织生产，并将产品按照计划数通过基层的计划体系向上提交。最后再通过计划体系根据实现的需求信息进行产品分配。所以，整个计划体系在经济中扮演着“信息—资源—产品”上传下达的核心作用：在面对消费者时，上传的是需求信息，下行的是具体实物产品；在面对生产者时，计划体系下达生产计划，上行的是具体产品。最终形成“生产—产品—需求”的物质循环。这就是典型的计划体系。

计划经济模式存在很多缺点，集中于三个方面。第一，计划体系剥夺了最终消费者的选择权，从而使最终消费者只能被动接受产品而不是主动发现和选择自己偏好的产品；第二，计划体系剥夺了生产者的竞争能力，生产者之间由于按照计划生产缺乏竞争，生产者并没有主动改进产品和促进多样化产品和提高效率的动机；第三，整个计划体系需要收集和匹配庞大的信息，从而造成了严重的决策低下和效率低下。以上三点到最后集中体现为整个计划体系的运转代价太高，从而造成产品的单一、质量的低下和供给的短缺。

然而，尽管如此，计划体系并不是完全一无是处。计划体系究其设计动机而言，是为了实现生产者与消费者的供需匹配，从而消除由于供需不匹配而产生的经济浪费。因此，计划体系在传统经济中依然是无处不在的，但这种无处不在主要体现在企业内部。在市场经济模式中，企业作为整体在一个大的市场中参与竞争，但是企业内部，是按照严格的计划来组织生产的。但是计划体系的缺陷就在于为了实现需求与生产的匹配，牺牲了消费者的选择权和生产者的“竞争—创新”动机及整个体系的效率。

（二）传统市场体制的模式

与计划经济通过直接传输需求数量实现匹配不同，市场经济采取了另外的思路，市场经济没有直接的计划者而是通过构建完整的自由流通体系，通过价格机制来指导整个市场各个角落的生产与需求匹配。

市场经济形成了如下的典型循环：消费者持有一定购买能力的货币；消费者产生了对某种产品的需求；消费者到市场中寻觅物品，通过比较产品质量和价格来购买产品实现交易，形成市场价格；市场价格形成后，反映到生产者一端；生产者发觉市场价格对于自己有利可图，从而继续生产并向市场供给产品；产品供给增多后，需求相对减弱后，会导致价格的下降；当市场价格下降到生产者无利可图时，生产者选择停止供给产品。

图 4－3 描述了自由市场体系的经济模式，图的上半部分描述了市场的基本结构，下半部分描述了每个环节的供需曲线。在传统经典的自由市场体系中，消费者与生产者分布于社会的不同区域，消费者之间的沟通是通过市场形成的，市场可以是由大量销售者聚集并进行产品集中销售的实际集中形式（实体性市场），也可以仅存在报价与交易的过程的分散化市场模式（作为功能的

市场）。但无论如何，总存在一个市场。而在市场中，通过销售者的中介作用，促成消费者与生产者的交易。当消费者进入市场选择购买时，面对同样的产品，唯一考虑的是价格。越高的价格，消费者愿意购买的意愿就越低，而当发现合适的商品，形成交易的时候，就形成了单次交易的价格。同样，当生产者进入市场时，发现既定价格有利可图时，就会组织生产从而供应市场。在理想竞争环境下，独立的生产者与消费者作为市场主体，都是市场价格的接受者（当然存在议价行为，但是不改变整个价格水平）。

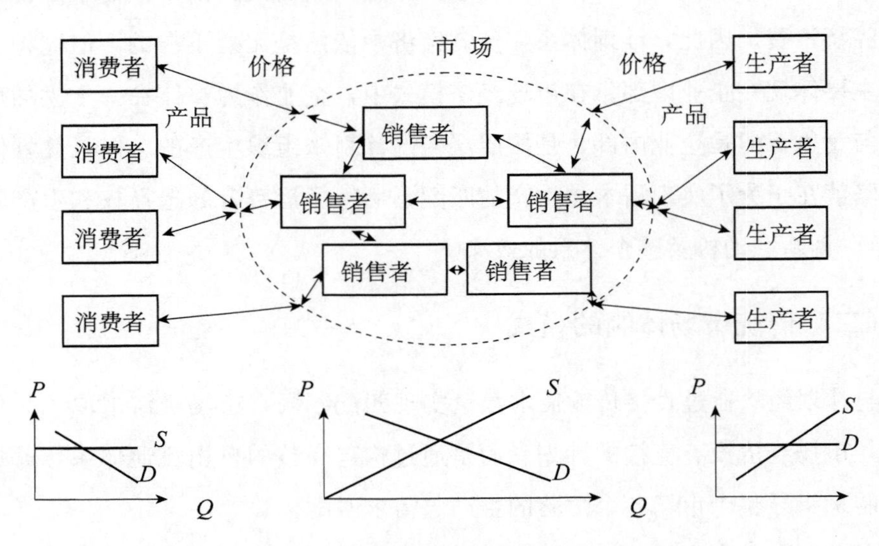

图 4-3　传统市场经济体系的结构示意图

注释：其中 P 与 Q 表示价格与数量，S 与 D 分别表示供给曲线与需求曲线，在实际中，由于各种因素如边际收益的递减或者规模收益上升导致表现为曲线，这里仅是用直线示意。

因此，单个消费者面对的供给曲线是水平的，而单个生产者面对的需求曲线也是水平的。对整个消费者与生产者而言，就形成了倾斜的总供给与总需求曲线。无论是消费者一方的需求还是生产者一方的供给，其决策时唯一面对的信息条件是价格，而市场通过传导价格信息，将生产与消费者连接在一起形成供需匹配。市场体系具有很多优势，如保持了消费者的自主选择权；通过竞争产生了对生产者的创新压力；通过动态的进入退出机制保证了市场交换体系的效率。然而，市场体系也有明显的缺陷，体现在两个方面：一方面市场体系中一定有某些需求无法得到满足，如在供需曲线的左上方，消费者虽然产生需求，生产者也具有能力，但是由于对价格的分歧，无法形成对这部分需求的满足；另一方面，市场中由于存在逐级传递的交易环节，形成信息扭曲，产生明显的“生产—需求”波动，从而导致生产与需求不匹配形成的周期波动乃至经济危机。

（三）传统市场体系和计划体系的区别及共同性

1. 传统市场体系与计划体系的区别

就传统市场与计划两种经济体系的比较而言，其区别显然是明显的。传统计划体系是典型的中心决策型的体系，通过逐级收集需求与生产的信息，在决策层实现生产与需求的匹配再通过命令系统实现实际的物质交换。而市场是典型的非中心型的结构，通过以价格为核心实现供需之间的自发平衡。这种显著性的差异在已有的经济理论中已经被分析得非常清楚，毋庸赘述。

2. 传统市场体系与计划体系的共同性

尽管传统市场体系与计划体系看似具有如此大的差异性，然而其依然是有高度的共同性的，特别是在新兴的经济体系——网络经济系统面前，其共同性表现得更为明显。两者典型的共同性就是，无论是市场体系还是计划体系，都是单通道的信息传递体系，只能传递有限的信息。具体而言，计划体系是以数量为核心信息的单通道传递体系；市场体系是以价格为核心信息的单通道传递体系。

（1）计划体系是以数量为核心信息的单通道单路径体系

在计划体系之中，由于需求信息需要逐级传递，需要计划部门根据需求信息收集统一汇总并传递给生产厂家。由于传统时代信息传输能力的有限，因此，在计划体系内，最重要的信息是产品的数量信息，而其他的信息包括价格、质量、成色、多样性等，只能依附性的传递。因此，传统计划体系是以数量为核心的单通道信息传递体系。这种信息体系由于去除了数量之外的大量有效信息，从而越发导致整个系统的效率低下和生产与需求的无法匹配。因此，单纯的计划体系很难长期有效的运行。而另一方面，严格的管制体系不但导致了信息通道是单通道的，而且整个信息传递也是单路径的，即整个经济信息只能沿着计划部门架构的体系实现传递，而在计划部门以外，信息是难以实现从需求端到生产端的直接传递的。

（2）市场体系是以价格为核心的单通道多路径体系

与计划体系相比，市场体系改善了很多，但其核心改善是构建了多路径的市场信息传递体系，其传递的通道依然是单通道的，是以价格为核心信息的单通道体系。在市场体系之内，生产端和消费端之间依然无法同时传递准确的需求价格与需求数量信息。因此，作为妥协，市场体系首先保障的是价格信息的准确传导，对于市场容量、每种产品的需求和多样性等需求并没有完整的传导。因此对于生产端的企业而言，所进行生产决策时依然是盲目和猜测性的，其主要的依据是有限的价格信息。对于需求端的客户而言，也主要面对的是销售价格，而产品质量、可用性等信息也只能有限获取。并且相对而言，市场体系的价格对于需求端是更为有效的，但其代价是在生产端形成了大量的无序竞争和浪费，反映在宏观周期上，就是形成了波段式的长、中、短的经济周期。其本质就在于投资和生产决策时由于信息的无效性在时间尺度上形成的累积。

（3）传统计划与市场体系都非全局有效的

正因为传统计划与市场体系的信道容量都有限，都传递单一为主的市场信息。因此导致了传统经济模式中的这两种体系都非全局有效的，或者说都是偏离最优效率的。而正因为如此，由于无法同时保障生产端与消费端的利益诉求。因此，计划体系侧重于保障生产端的利益诉求，只要满足基本的数量生产就可以，但是牺牲了消费端的充分满足和多样性选择；而市场体系侧重于保障消费端的利益诉求，全力保障消费者的满足，但是以生产端的无效率为代价。因此，究其根源在于，传统市场与计划体系都无法解决整个体系内的多维度生产—需求信息的自由流动问题。这用新制度经济学的观点来看，就是都在内部形成了高昂的交易成本，从而形成了整个体系的无效性。

三、网络社会核心属性与网络经济的典型模式

网络技术的出现改变了传统通信手段在多维度信息方面的传输困境，从而形成了跨越时间地域的充分的全向交流通路。因此，互联网的出现，其属性很快从技术工具演化为社会属性。而依托于互联网形成的网络社会、经济、文化

活动改变了原先传统社会活动的根本形态和结构方式。

（一）网络社会的本质属性

要讨论网络经济，首先要搞清网络经济的社会存在基础——网络社会的本质属性与特征。我们在此再次强调了网络社会有三个方面的本质属性，这些属性与网络经济形态有着直接联系。

1. 网络社会是人类有史以来最强的社会连接

整个人类历史的发展，从社会关系的角度，就是一部从弱连接到强连接的历程。在网络社会之前，受制于落后的社会连接方式，人类无法实现个体与个体之间的长期连接，因此只能形成庞大的社会组织来实现整个社会的连接。这些社会组织包括政府、企业和各种非政府组织。其核心的功能就是来实现整个社会的连接、整合、组织和生产交换等。而在传统社会，为了实现庞大的社会组织的运行，无论从整个社会还是实现社会连接交换的组织都形成了横向中心型、纵向科层型的组织结构。而网络社会第一次改变了这种社会存在。由于网络强大的连接和传输能力，能够实现任何两个个体长时间的在线直接连接，因此，网络社会创造了有史以来最强的社会连接状态。而这种社会中个体之间直接连接的基础也改变了必须依赖各种社会组织实现居间性连接的状态，从而也形成了非中心型、非科层型的社会结构，这直接导致了网络经济的非中心、非科层结构。

2. 网络社会是人类社会新的存在状态

网络社会另一个重要的特质是其超越了现实的物理约束，创造了人类新的存在状态。在传统社会中，人类的一切行为都必须高度依赖物理世界的资源环境条件，因此无论社会活动的广度还是深度都受到了限制。而网络社会是人类第一次创造出了新的空间域，在新的空间域中，人类可以高度地实现个体的感知存在替代和群体的社会存在替代。这就实现了整体人类社会的新的存在状态。而在新的空间域内，人类也实现了超越现实物理条件的更为广泛的社会交际与社会活动。这从而使得网络经济超越了物理实质的。

3. 网络社会是真实与虚拟的混合态社会

在网络社会的早期，有一种观点认为网络社会是虚拟社会。然而随着网络技术的发展与现实生活越来越紧密，因此，越来越主流的观点认为网络社会不仅是虚拟社会，而是以网络技术为核心连接方式的整个人类社会。正如同工业社会并不仅指工厂和产业链一样，而是指以大机器工业，集中规模式生产方式为核心组织方式的整个人类社会。因此，可以预见，伴随着网络社会越来越与现实生活的融合，未来的网络社会就是指包括虚拟与现实的完整的人类社会存在形式。这形成了网络经济在虚实层面的整合。

（二）塑造网络经济形态的网络社会核心属性与网络经济核心特征

网络社会有很多方面的特征，包括网络技术的特征，如超流动性、超时空性等。网络社会作为复杂系统的特征，包括非中心性、动态性、不确定性等，以及中国网络社会的特殊性，包括政治性与暴力性。而在塑造网络经济形态时网络社会具有以下核心特征。

1. 网络社会的强连接性——使得生产者与消费者直接接触

塑造网络经济特征的网络社会的首要性质就是网络的强连接性，也就是网络社会第一次实现了网络中任何个体之间超越第三方的直接连接。这对于网络经济而言，最重要的是实现了网络经济从生产者到消费者的直接连接，不再需要通过传统经济漫长的中间传输环节，形成了从信息、资源、资金、产品、技术、服务的直接接触和传递（图 4-4）。

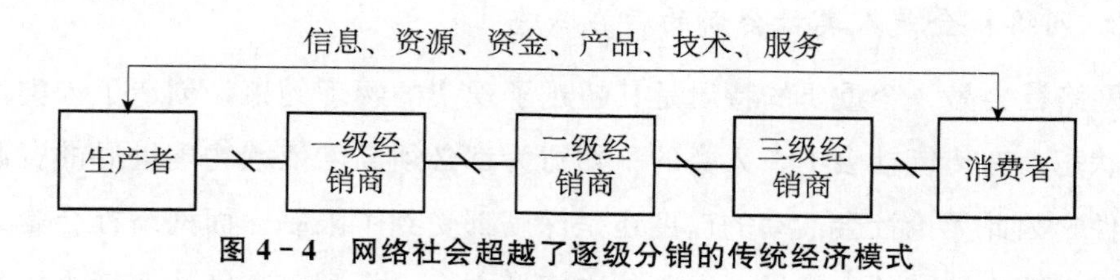

图 4-4　网络社会超越了逐级分销的传统经济模式

2. 网络社会的跨时空性——形成完整统一实时跨地域生产体系

网络社会的跨时空性最大的作用是使得网络经济成为可以在全球各个角落实时同步配置“生产—服务”资源的经济体系。尽管传统时代的经济全球化使得全球范围内越来越趋于形成完整统一的生产体系与市场，然而无论这一市场如何整合如何扩展，其核心的问题在于传统经济体系无法实现整个市场的同步实时跨地域资源匹配与调动。而网络社会的出现使得人类做到了这一点，形成了人类历史上第一个统一、完整、实时、跨越地域的同步经济体系。

3. 网络社会的非中心性——分布式经济与不依赖于第三方的动态调控体系

网络社会的非中心性既包括静态结构的非中心性也包括动态运行的非中心性。在静态结构上，网络经济的非中心性改变了工业时代经济体系集中化、规模化、统一化的形态。而在动态运行上，改变了传统经济体系必须通过具体第三方调控机构实施调控的经济模式，从而建构了分散化、个性化、充分竞争与退出的动态经济体系。

4. 网络社会的信息丰裕性与超流动性——多维度大容量的经济信息传递

除了以上特征外，另一个典型的特征也体现在网络社会信息的丰裕性与超流动性上。也就是说，网络社会第一次延展和改变了人类知识与信息围绕中心节点分布的态势而呈现出分散、平均的特点，并且信息可以在网络上实现极为迅捷的大容量传递。这产生了三个经济方面的核心改变：第一，无论生产者还是消费者在其进行经济决策时的信息会极大丰裕，将更有利于做出更理想的决策；第二，无论生产者还是消费者在经济活动中对于第三方调控机构的依赖更少，甚至不再需要第三方经济调控机构就完成实现较优的经济行为。第三，也是至关重要的，网络社会的信息传递第一次改变了传统经济模式由于信息传递有限只能实现单一信息为主（计划体系是数量，市场体系是价格）的传递模式，而第一次实现了从生产方到决策方的多维度信息传递。第一次实现了生产者与消费者（尤其是对于生产者）可以同步掌握价格、需求、品质、特性等信息的状态，将建构出精准、多样、定位明确、无浪费的“生产—需求”匹配模式（图 4－5）。

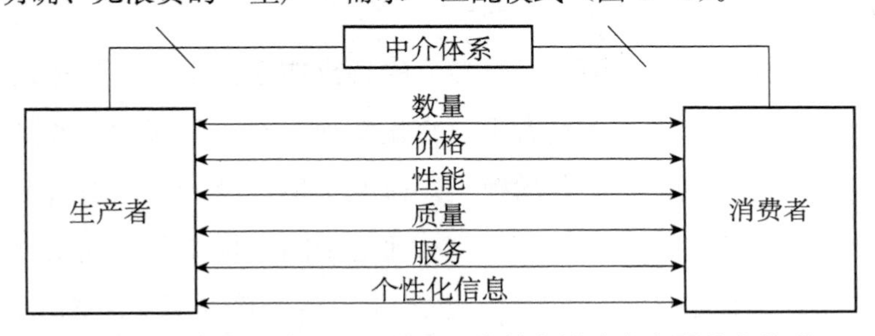

图 4－5　网络经济实现了供需双方的多维度大容量信息传递

（三）网络经济的典型模式

当了解到网络社会和网络经济的整体特征后，再从微观与宏观两个层面分析网络经济的个体与整体行为。

1. 网络经济的微观模式

所谓微观经济模式，就是指经济行为中具体的生产者与消费者的经济决策与行为。因此，网络经济的微观经济模式可以从生产者与消费者两个方面界定。

从生产者的角度，在网络经济中，生产者由于面对广阔的网络市场信息，因此可以采用两种方式实现更为精准的定位客户与生产。一是精确的需求调查，通过大数据的分析，实现比以往更为精确的估算市场容量、产品需求和客户偏好，从而在产品设计之初就最大程度上实现对客户的满足，而这在传统时代是不可能做到的。二是通过预购的方式，通过产品“展现＋网络预购”的方式，事先锁定客户，从而在生产之前就完成交易，减少生产者浪费和巨大的市场推广消耗。

从消费者的角度，第一，网络社会极大拓展了消费者的选择视野，消费者可以前所未有的广度和范围在不同生产者之间进行比较，包括产品外观、质量、性能等；第二，消费者也可以直接和企业联系下单，表达个性诉求，从而形成针对性的客户化生产，使产品更加贴近需求。第三，消费者在产品选择和使用时，由于可以看到之前使用者的评价，并将自己的使用体验不断在网络中扩散，从而形成对某种产品的评论体系，通过直接影响后续消费者的进入，也有助于生产者改进产品与服务。图 4－6 描述了在微观层面网络经济与传统经济模式的对比。

2. 网络经济的宏观模式

从宏观经济模式而言，网络经济最大的特点在于由于信息传输的大容量即时性和低成本，使生产者与消费者可以直接实现一对一的接触，并形成同步设计、同步生产、同步消费与服务的模式。改变了传统经济要么通过命令调度系统实现生产与消费传递的计划系统，要么通过中间市场竞争匹配实现生产与消费的匹配的模式。而通过这种模式，也改变了传统经济系统不能同步满足价格、偏好、质量、需求数等多种信息的传导。而通过生产者与消费者的直接匹配，同步交换数量、偏好、质量以及其他个性化需求，从而形成了生产者与消费者紧密连接的网络经济宏观模式（图 4－7）。

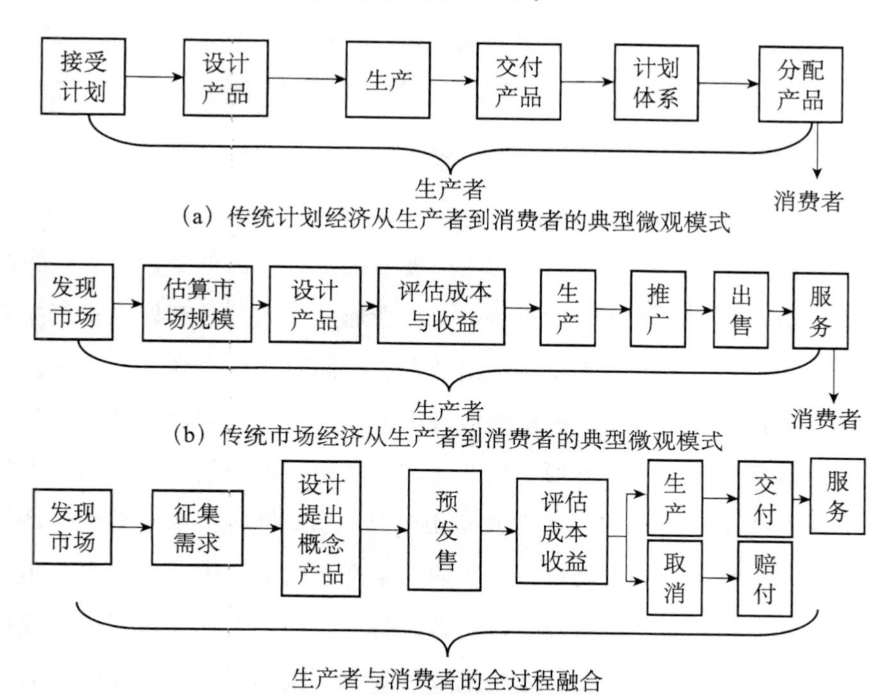

（a）传统计划经济从生产者到消费者的典型微观模式

（b）传统市场经济从生产者到消费者的典型微观模式

（c）网络经济从生产者到消费者全过程互动参与的典型微观模式

图 4－6　传统经济微观模式与网络经济微观模式的对比

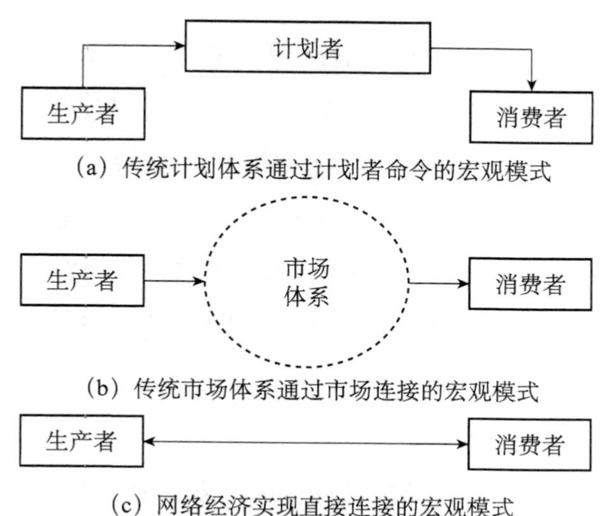

（a）传统计划体系通过计划者命令的宏观模式

（b）传统市场体系通过市场连接的宏观模式

（c）网络经济实现直接连接的宏观模式

图 4－7　网络经济在宏观层面与传统经济的对比

（四）网络经济与传统经济模式的对比

除了在以上宏观与微观两个层面网络经济与传统经济模式具有的区别外，在主体、中介渠道、信息、产品形态、决策、供需平衡、生产周期与波动方面，都形成了实质性的差异。在此进一步将其总结如下。

1. 主体

就主体而言，传统经济是典型的生产者与消费者分离的经济形态，生产者与消费者形成严密专业化区分的态势，生产者通过庞大的生产体系将产品制造出来后再通过市场或者计划系统分配给消费者。同时，生产者之间也根据专业和环节不同形成严密的分工。而网络经济中无论是生产者与消费者还是消费者之间的界限都逐渐模糊。一方面，生产者在生产初期就与消费者互动，形成共同设计、客户化定制的生产模式；甚至由于新的3D打印技术、柔性生产、共享制造等技术的发展，消费者可以直接购买生产者的电子图纸实现自我生产或者调度远程的生产设备实现自我设计制造。另一方面，工业互联网的形成使得生产者之间的联系也更加密切，基于地域、专业、流程形成的工业时代的生产者间隔也逐渐模糊，形成统一、高效、异地同步的生产网络。

2. 中介渠道

从中介渠道而言，无论是传统的计划模式还是市场模式，都是需要一个规模庞大组织严密的中介体系围绕着整个生产消费过程服务的。也就是必须通过庞大的中介系统来实现从生产端到消费端的传递和连接。传统计划体系是用政府出面组织并通过指令的方式来实现这一功能，而市场体系是用利润诱导的方式形成庞大动态的中介渠道来实现这一功能。然而就网络经济而言，则是通过网络直接形成了生产端与消费端的连接，从而绕开或者跨越了传统计划或者市场模式所需的中介体系。

3. 信息

在信息方面，网络经济与传统经济有两个方面的区别，一是信息的容量，二是信息的成本。从信息的容量而言，传统的经济模式是典型的单通道为主的信息模式，传统计划体系以传递“生产—需求”数量信息为主，而传统市场体系则以传递价格信息为主，除了主要信息外，其他辅助信息传递的则很有限，或者需要通过其他手段进行间接分析。而在网络经济中，由于网络连接的直接性与信道的大容量，因此可以就具体的数量、价格、质量以及其他个性化实现在生产与需求端的直接传递。而从信息的成本而言，传统经济模式则需要较高的信息成本，而网络经济可以实现几乎为零的信息交流成本。信息在两个层面的改变所产生的影响是极为巨大的，由于信息的原因，直接改变了经济体系的生产组织模式、经济波动性、生产的方式等。可以说，信息传递模式的区别形成网络经济与传统经济模式质的差别的核心要素。

4. 产品形态

从产品形态角度，传统无论是计划还是市场模式都是以实物为主形成的生产体系。进入20世纪90年代以来，又逐渐与服务系统相结合，逐渐形成“产品＋服务”的生产服务系统①。然而，无论怎样改变，由于传统经济模式无法超越漫长的中间环节的传递，因此很难形成有效的生产者与客户长期接触，依然没有改变以物质为主的经济模式。而“产品＋服务”的模式依然是将服务依附在产品上。而网络经济彻底改变了这一模式。由于网络实现了供需双方的实时远程直接连接，因此服务者可以远程给予消费者以直接的长期在线服务。如设备的远程监控、调度、维护，实时满足消费者的即时需求，形成服务活动的全时间全地域覆盖。彻底改变了传统经济以产品为导向和核心依赖的经济模式。

5. 决策

传统时代由于信息成本和连接方式的制约，因此经济决策时总是存在信息迷雾，只能通过其他辅助性手段来实现信息补充。传统时代的决策总是呈现出巨大的不确定性。从生产一端而言，就计划体系，生产计划的决策者很难对不同生产者的生产过程和成本质量形成准确的控制，并且也很难形成对消费者的全面满足。传统计划体系的经济决策牺牲了消费者的多样性选择和需求满足。

---

① 何哲、孙林岩、朱春燕：《服务型制造的概念、问题和前瞻》，《科学学研究》，2010年第1期。孙林岩、高杰、朱春燕、李刚、何哲：《服务型制造：新型的产品模式与制造范式》，《中国机械工程》，2008年第21期。

而传统市场体系，由于生产者在作经济决策时只能得知较为准确的价格信息却无法得知全局性的需求信息，因此往往会出现大量生产者同时进入退出的现象，引发周期性的生产波动。

6. 供需平衡

无论是传统经济还是网络经济，其最终目的都是要有效实现经济体系的供需平衡。然而传统经济由于庞大的中介体系、狭窄的信息通道和高额的信息成本导致无论是计划还是市场，都会产生严重的供需不平衡。对于计划体系而言，为了试图消除生产浪费，从而导致了短缺是一种常态[①]。而对于市场体系而言，则处于生产过剩与生产衰退之间的严重波动中，这都是供需不平衡的表现。网络经济从经济循环的一开始，实现了生产者与消费者的直接基础和通畅的信息渠道，从而在生产开始就完成了消费过程，消除了消费与生产在时间上的延迟导致的经济波动。因此，网络经济极大消除了供需之间的差异和波动性，在经济循环一开始就形成了宏观上的供需平衡。

表 4-1 传统经济体系与网络经济的对比

	传统计划体系	传统市场体系	网络经济
经济主体	生产者与消费者处于隔离状态，通过命令体系传递供需	生产者与消费者处于隔离状态，通过市场体系传递供需	生产者与消费者处于直接连接状态，形成共同生产的模式
中介渠道	需要中介渠道：庞大的命令计划系统	需要中介渠道：庞大的自由市场体系	不需要中介渠道，网络直接连接生产与消费者
信息	信息传递通道狭窄，以传递“生产—需求”数量为主	信息传递通道狭窄，以价格信息为主	信息传递通道通畅，同时传递价格、数量、偏好等各维度信息
产品形态	以物质产品为主	物质产品为主+依附在物质产品上的服务	同时提供物质产品和跨时间地域的即时服务
决策	有限信息下的决策，牺牲了需求满足	有限信息下的决策，具有高度的不确定性，客观上牺牲了生产者	充分信息下的决策，同时满足生产者与消费者
供需平衡	牺牲了需求方的满足，从而导致短缺是一种常态	在生产过剩与生产衰退之间波动，供需平衡只存在于理想模型	经济循环在一开始就形成了供需之间的协调合作与平衡

① Kornai，J. (1980). Economics of Shortage. Amsterdam：Publishing Company.

四、网络经济——跨越计划与市场

经过细致的分析比较后，可以发现，无论是传统经济模式中的计划体系还是市场体系，都无法解释和囊括网络经济这一新的经济形态，而反过来，网络经济则是一种跨越传统计划体系与市场体系的新的体系，其充分吸纳了传统经济不同模式的特点，实现了人类经济体系的新的高度与状态。

（一）网络经济是高度发达的市场经济

毋庸置疑的是，网络经济首先是高度发达的市场经济。所谓市场经济有几个核心的衡量要素，如合法主体的自由进入，合法经济要素流通的自由，合法范围内价格的自由确定，生产决策的自由、购买和销售的自由等。通过自由的竞争与退出，从而实现理想状态下的最优生产。无论从哪个方面来衡量，网络经济都是高度的市场经济。第一，网络中合法的主体可以自由地选择进入经济体系；第二，网络经济中，合法的经济要素流动是高度自由的，不存在强制的垄断和管制；第三，网络经济中商品的定价是自由的，不存在一个强制的价格管制者；第四，网络经济中的经济决策是自由的，生产什么，不生产什么是由生产者自由决策的；第五，网络经济中的购买与销售行为也是自由的，销售给哪些消费者或者从哪个生产者购买，都是具有极大的自由的。并且由于网络极大扩展了市场的规模和范围，也更进一步扩展了生产者与消费者的选择自由。所以网络经济首先是高度发达的市场经济。

（二）网络经济也是高度发达的计划经济

然而，从另一方面，网络经济也是高度发达的计划经济。计划经济有几个核心特征：如计划经济是以需求为导向的按需生产体系；计划经济通过试图消除无序竞争性从而减少经济体系内的浪费；计划经济通过指令性与计划实现生产端到消费端的信息传递；所有的物料资源体系都被纳入到计划之内。仔细比较可以发现，如上的计划经济的所有特征也集中体现在网络经济中。

第一，网络经济是典型的按需生产。网络经济由于实现了生产者与消费者的直接沟通。因此，生产什么，生产多少，以什么价格生产，以及其他具体的产品要求。都可以事先通过网络渠道事先端对端的订单而由生产者所获知。从而实现了精准计划生产。

第二，网络经济通过透明公开的信息传递有效消除了无序竞争从而减少经济浪费。与传统计划经济形成的强制性排他措施以消除无序竞争不同，网络经济是通过信息透明的方式来消除进入者的无序竞争。在网络经济中，产品的信息包括成本、利润、渠道、销量等都会呈现越来越多的态势。而新的市场进入者有着更为充分的市场状况的把握，因此，新进入者总是试图去挖掘新的细分领域和通过新的技术来实现竞争，而不是简单无序的恶性竞争。

第三，网络经济也存在高度的指令性与计划性。在高度发达的网络经济中，生产者由于网络的连接形成了合作有序的严密生产网络，当消费者下订单后，订单会根据最近、最优、最节省等原则传递到最合适的生产者手中，形成最快速的生产。这就是一种高度的指令性与计划性。而网络经济越发达，这种指令性与计划性就越强。唯一不同的是，这种指令性的形成不是来自强制性的垄断而是来自网络经济信息的透明性所自发演化形成的，并且网络中依然存在多个指令中心和互相竞争。

第四，网络经济中所有的物料都被纳入到统一的网络经济计划中。网络经济由于形成了对所有物料资源的全程追踪定位，因此，所有网络经济中的资源，无论其从属于哪个个体还是企业，都是一目了然和清晰的。虽然所有的经济资源并不如同传统计划体系一样都被计划体系所控制和掌握，但是从整体的网络经济中，其都是被统一纳入到网络的整体供需体系之中并且是有迹可查的。因此，整个网络经济形成了一个大的动态统一完整资源调配体系。

（三）网络经济——跨越计划与市场

正因为网络社会兼具了传统计划与市场经济体系的众多特征，使网络社会成为超越了传统经济计划与市场体系的新的经济形态，也将结束长期以来的计划与市场之争。

从本质上来说，网络经济最大的特征即既充分竞争又高度计划。从充分竞争的角度，网络是一个开放、包容、低门槛的平台，由于更加整合资源，为所有新的进入者的进入提供了方便和敞开了大门。因此，网络经济以包容、自由、广域的形态实现了经济活动的充分竞争。然而从另一方面，网络又是高度计划的，一切的供给与需求，一切物料乃至服务资源，都被充分展现在网络之中，在此基础上，网络要么形成充分严密组织的计划体系，由一个核心企业形成严密的生产网络，形成若干核心生产网络之间的充分竞争；要么没有核心企业，而是基于若干网络平台形成松散的协作联盟，实现供需的匹配和交易。然而无论何种形态，都消除了无序竞争形成的经济浪费。一切生产资源都为有效的需求服务，这就是网络经济最终实现的理想状态。

从内在原因而言，网络经济所形成的跨越传统计划与市场体制的原因有很多，如直接连接性、跨时空地域性、低成本大容量的信息通道。而从抽象意义来讲，其本质原因在于网络经济是人类第一次形成的一个几乎零交易成本的经济体系。交易成本指的是由于围绕交易所形成的一切成本[①]，包括信息成本、不确定性等。新制度经济学或者当代经济学最重要的发现就是发现了交易成本对组织形态与制度规范的塑造作用，也就是说，第一，一切经济社会组织的形成是由于交易成本[②]；第二，一切组织都致力于降低交易成本为目的；第三，任何有效的制度都致力于降低整体社会交易成本。因此，无论是计划体系的通过命令抑制无序竞争也好，还是通过市场体系以价格传导需求也好，其初衷都是为了降低交易成本的制度安排。而围绕交易成本最重要的科斯定理的另一个表述即是，如果没有交易成本，任何制度安排结果都是相同的，都可以实现最优的经济配置[③]。而网络经济正是一个极大程度降低交易成本的经济体系，也正因为此而超越了传统时代受制于交易成本形成的计划或市场的制

---

① North，D. C. （1987）. "Institutions，transaction costs and economic growth." *Economic Inquiry*，3：419-428.

② Coase，R. H. （1937）. "The nature of the firm." *Economica*，4：386-405.

③ Coase，R. H. （1960）. "The problem of social cost." *The Journal of Law and Economics*，3：1-44.

度安排。

五、网络经济的前景与展望——从服务型制造、分享经济、工业互联网到物联网

在本章最后，还需要探讨一下网络经济的前景和未来的发展阶段。随着网络经济不断扩大规模向实体领域延伸，网络经济的发展也会呈现出不同的阶段，这包括非网络时代的服务型制造，网络时代的分享经济，工业互联网最后到物联网（图 4-8）。受篇幅所限，仅简要地展现这一发展趋势。

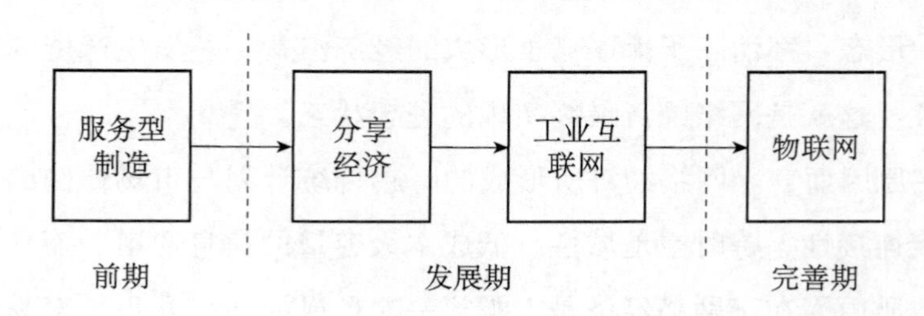

图 4-8 网络经济的不同发展阶段

（一）服务型制造

所谓服务型制造，是指面向服务的制造与基于制造的服务。其核心思想在于三者：一是生产与服务的融合，形成产品加服务的生产服务系统；二是消费者与生产者的融合，实现传统时代的参与式生产与客户化定制；三是生产者之间的服务，形成生产资源的重新整合。服务型制造具有整合、增值、创新的特点[①]。而国务院新近推出的《中国制造 2025》，就指出了要积极发展服务型制造作为制造业发展战略。可以说，服务型制造是典型的网络时代早期将原先链式生产模式转化为网络模式的一次积极尝试。

---

① 孙林岩、李刚、江志斌、郑力、何哲：《21 世纪的先进制造模式——服务型制造》，《中国机械工程》，2007 年第 19 期。何哲、孙林岩、贺竹磬、李刚：《服务型制造的兴起及其与传统供应链体系的差异》，《软科学》，2008 年第 4 期。

（二）分享经济

所谓分享经济，是指通过网络技术，将原先受制于技术和模式约束无法再利用参与生产和经济循环的资源重新投入到经济生产和循环的经济模式。具有天然的节约性、环保性、效率性、便利性等特点。也正因为此，2015 年中央《五中全会公报》明确指出要发展分享经济。而分享经济则是网络经济进入发展期的初级模式，其核心的思想是通过互联网技术，实现沉睡资源的再次使用，并且主要是将原先的消费品重新变为生产资源，如网络约车实现家用车投入到运输生产中，家用发电实现分享式发电等等。

（三）工业互联网

随着分享经济的进一步发展，网络经济不但将消费品重新利用分享的模式投入到经济循环中，进一步的连接是形成工业生产资源之间的互联互通，形成工业互联网。工业互联网具有高度的资源整合功能，通过将异地跨界实现不同属性的工业资源的连接，形成广域分布统筹调度的生产资源网络。通过将全网络的生产资源调度和优化，实现对不同地理位置不同需求的最优生产和满足。而到了工业互联网的层面上，网络经济的计划属性也将体现得更为明显。

（四）物联网

网络经济进一步的发展就是物联网。在分享经济将分散消费资源的连接和工业互联网将生产资源的连接基础上，进一步实现了所有物质材料在整个物质循环过程中的连接。在完善的物联网时代，所有可以利用的物质资源都被以一一对应的方式实现在网络的映射、追溯和控制。通过物联网，人类网络社会的发展也完成了从网络设备到使用网络设备的主体人的连接到万事万物的连接的过程，所以物联网不仅是网络经济的完善阶段，也是网络社会发展的一个更高的阶段（图 4－9）。

总而言之，网络经济的出现发展是人类社会经济发展的一个新阶段，网络经济彻底改变了传统经济模式受制于信息约束所形成的计划与市场割裂的模式，而通过新的技术手段实现了在更高层面上的整合。网络经济的发展在超越计划与市场的同时也深刻重塑整个人类社会的运行和治理结构。

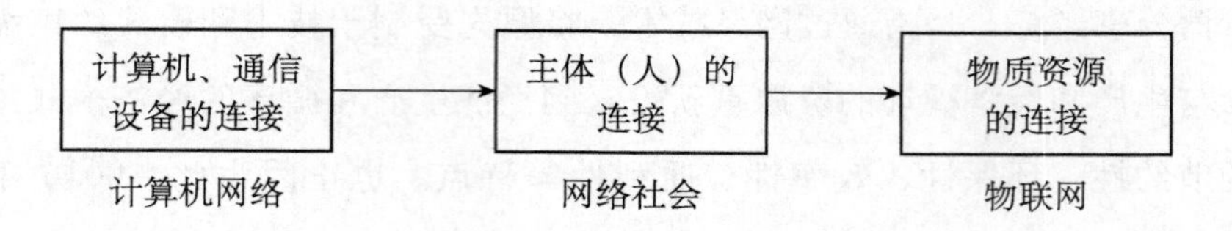

图 4-9　网络社会的不同演化阶段

小　结

本章重点剖析了网络社会时代中的经济与传统时代经济的核心区别，与其他研究不同的是，作者认为，网络经济最大的特征是超越了传统经济模式受制于技术和信息传递条件所形成的计划与市场的分野，从而形成了自主进入、高度竞争、全程追踪、广域全局调度的新的超越计划与市场的新型经济模式。而网络经济演化的路径是从服务型制造到分享经济再到工业互联网，最终形成将整个物质生产体系高度耦合形成的完整动态的经济运行体系。

第五章　网络社会时代的政治动员模式

网络社会的深入快速发展，对传统的社会政治组织形式也产生了深刻的改变，形成了特定的网络政治动员模式。网络政治动员是一种典型的网络社会集体行为，其对传统国家、社会等诸方面都产生了严重的影响，尤其是对国家安全产生了新的冲击和危害。本章剖析了网络政治动员的特点，并与传统政治动员进行比较，进一步分析网络政治动员对国家安全特别是政治安全的影响，认为网络政治动员由于自身的诸多特点，如发起者的模糊性与隐匿性，发展阶段的不确定性与非线性等，最终将会对国家安全产生严重的冲击。最后，本章将提出针对具有危害性的网络政治动员活动在现实与网络层面的若干治理策略。

一、网络政治动员的概念、特点及其与传统政治动员的区别

（一）政治动员的概念

所谓政治动员，是指政治活动的个体或者团体，因为基于特定的目的和任务，将原先分散和独立行为的人群在短时间内组织聚集起来，通过集体政治行动，以实现特定的政治目的和发挥特定的政治功能的过程[①]。进一步具体分析，可以发现政治动员这一概念有如下要素。

政治动员的主体是从事政治活动的个体或者团体。通常情况下，政治动员的主体是国家或者代表国家的政府及首脑，这主要指官方授权发起的政治动员，而对于非官方政治动员的主体，则是从事政治活动的非官方个人或者团体。

---

① 李征：《简论政治动员》，《河海大学学报（哲学社会科学版）》，2004 年第 2 期；孔繁斌：《政治动员的行动逻辑：一个概念模型及其应用》，《江苏行政学院学报》，2006 年第 5 期。

政治动员的目的是实现特定的政治目的和任务。这些目的和任务在现实中非常多样和复杂，其既包括理性层面的目的如利益诉求，权利维护乃至权利伸张乃至获取，也包括非理性的报复、情绪宣泄等。

政治动员的对象是社会中普通的人群。其在平时从事着各自独立的工作，并无相关性，与政治动员的目的也并无日常联系，然而，在政治动员发起后，在动员的鼓动下，共同采取行动，形成政治性的集体行为。

政治动员的行为表象体现为将原先分散、各自行动的人群组织起来，通过各自主体的特定的行为模式（如游行、示威、喊口号、静坐、暴力行为等），形成了具有功能结构的动态结构，并演化发展成了较大规模的集体行为。

政治动员的效果体现为两个层面：一是从政治行动本身来说，是否有效取决于是否成功影响到了公众意识，并发起和组织了群体性行为；二是从动机来说，有时候往往没有实现对公众意识的影响或者组织行动，但是达成了隐蔽的动机与目的，这也是政治动员的效果。

（二）网络政治动员的概念及与传统政治动员的比较

从概念而言，顾名思义，网络政治动员是指发起者利用互联网渠道，在网络社会中通过传播散布鼓动的方式，实施政治动员，形成社会集体行动，以实现发起者的政治目的。从相似点来看，网络政治动员与传统政治动员在动员的发起者、动员形式、动员目的等都有所相似。

从发起者角度，网络政治动员与传统政治动员一样，可以同样分为官方发起和非官方发起。官方发起主要指由政府授权或者组织实现的政治动员，而非官方则是由公民或者非政府组织、企业在缺乏政府组织或者授意情况下的政治动员。从动员的形式来看，无论网络政治动员与传统政治动员，在其动员的早期，都是以宣传鼓动为主要前期形式，以形成集体行为为主要后期社会表现。从动员的初始动机来看，网络政治动员与传统政治动员在发起最初都是为了实现发起者的政治目的与动机，实现特定的政治任务。

网络政治动员与传统政治动员的区别则是更为显著的。第一，从发起者角度，网络政治动员的发起者则是更加隐匿和模糊的。与传统社会不同，网络社会天生具有隐匿性、超时空性等特点[①]。一方面，网络使用者可以对应不同的网络ID实现自身的隐蔽；另一方面，即便国家网络实现了实名制，然而拥有更高技术的网络使用者依然可以通过网络技术隐匿自己的身份。因此，网络政治动员的发起者更加隐匿，在大量的网络政治动员事件中，很少能够真正找到、识别、定位核心的发起者。

第二，从动员政治目的角度，网络政治动员的目的更为多维度和模糊。虽然很多网络政治动员在其初期也具有典型的政治目的，然而，与传统政治动员的政治目的更为明确和直接相比，网络政治动员在很多情况下，在最初没有直接明确的政治目的或者政治任务，其仅是通过不断传播某种特定的情绪或者信息，从而动员起广泛的网络参与，而最终的结果往往与最初的目的并不相同。也就是说，传统的政治动员一定有具体的明确诉求的，而网络政治动员大多数情况下并不一定有，其目的更为模糊、隐性；也可以说，其目的是隐藏或者是在多次、反复、长期的政治动员活动形成的。

第三，从群体行为的发展形式与阶段的角度，网络政治动员演化的阶段更为模糊和非线性。传统政治动员受制于传统的现实社会物理条件的制约，因此在发展形式上具有明显的具体形式和阶段性。例如，其大体的阶段可以划分为：产生动员动机、寻找动员对象、宣传政治意图、发起集体行动、实现政治目的等几个明显的阶段。

然而，网络政治动员由于网络社会的不确定性与突变性，因此在动员阶段的划分上并不明显，如在动员刚开始时候，通过网络消息的传播，在第一时间就实现了广大受众的接受，其并不需要寻找特定受众逐级传播的过程；所以网络社会动员的阶段非线性发展的典型特点。而在动员计划方面，网络政治动员事前仅有很不明确的动员计划，甚至就没有计划，可能仅是某些个体无意识的行为，通过网络的传播与累积就掀起了一种巨大的网络群体行动。归根结底，这种发展阶段的区别来自网络社会不确定性、突变性、自组织性等动态

---

① 何哲：《网络社会的基本特性及其公共治理策略》，《甘肃行政学院学报》，2014年第3期。

特性。

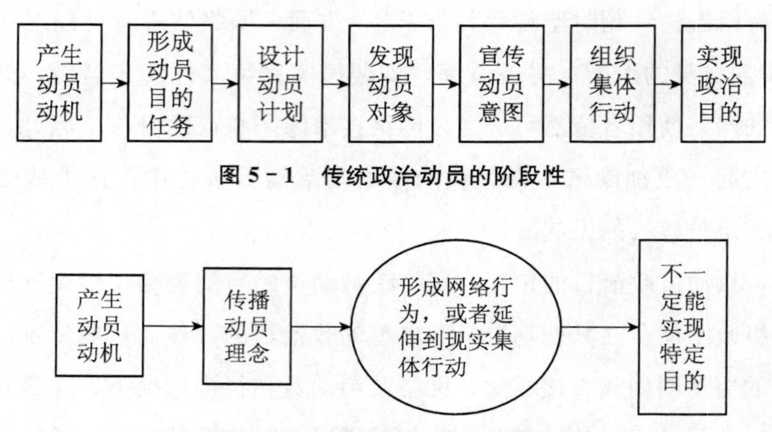

图 5-1　传统政治动员的阶段性

图 5-2　网络政治动员的典型过程

第四，从对动员资源约束条件的需求角度，网络政治动员更加不受现实资源约束。网络社会本质与现实社会不同就在于两点：一是摆脱了现实物理时空的束缚，也就摆脱了现实社会的资源约束；二是非中心型的社会结构，这也使得传统由社会中心掌握的动员资源被分散到整个网络中。以上这两点差异，也造成了网络政治动员与现实政治动员在资源约束上的差异。也就是说，网络政治极大摆脱了现实社会政治动员对物理资源、场地、人员等的限制，而能够以最短的时间、最低的成本将动员意图和动员者的政治价值扩散到整个网络。而现实动员远远实现不了这样的低成本和无差别覆盖，因为现实动员总是需要精心策划组织、给予物质的保障、精心选择受众等。

第五，从组织形式的角度，网络政治动员的组织形态更为多样。传统政治动员一定以集会、游行等公众集体行动为主要的组织形式，而网络政治动员并不一定要完成这种向现实活动的转化过程，一种网络集体意识的形成、形成大面积的转发、大范围的讨论和定向传播、对某些网络社区的挤占，形成大面积的集体评论等都可以被认为是网络政治动员的形式，所以网络政治动员的组织形式更为多样。

第六，从动员效果的角度，网络政治动员的效果更加多样。现实政治动员最终并不是以成功举行了集体行动而作为评价标准，而是以是否达成了某种政治目标或者实现了政治影响为评价标准，而网络政治动员由于其动员的发起简便容易，动员成本较低，动员发起者隐匿安全，因此，动员效果并不是以单次的达成政治目的为评价。宣传了某种理念，传播了某种信息和价值，激发了大众的讨论和转发等都可以视为一种成功的网络政治动员。

第七，从动员结果是否可预测的角度，网络政治动员的结果更加难以预测。现实社会中的政治动员当然也会出现结果不可预测的行为，但是由于现实社会严格的层级制和对时空物理条件的约束，因此，往往动员成功后事态规模和最终的结果大体是可以预测的，然而网络政治动员由于网络活动受时空物理条件的非约束性，因此最终结果是非常难以预测的，这本质体现了网络社会作为一种复杂巨系统的动态混沌效应。

表 5-1　网络政治动员与现实政治动员的特征区别

	现实政治动员	网络政治动员
发起者主体	明确	可隐匿和不明确
目的	具体	广泛
发展形式和阶段	明确的阶段划分	不明确和非线性发展
资源约束	具体的物理约束，成本高	物理约束低，资源动员能力强，成本低
组织形式	现实集体行为	现实与网络集体行为多种选择
动员效果	明确的政治目的	多种动员效果
结果可预测性	能够预测	很难预测

二、网络政治动员对国家安全的冲击与危害

如同网络社会对现实社会的冲击是全面的一样，网络政治动员对国家安全的冲击也是全面的（中央最近提出了“总体安全观”，包括政治安全、国土安全、军事安全、经济安全、文化安全、社会安全、科技安全、信息安全、生态安全、资源安全、核安全等 11 种安全）[①]。网络政治动员对这些安全都有不同程度的影响[②]。但是，由于网络政治动员自身的政治性，其最主要的是对国家

① 习近平：《坚持总体国家安全观走中国特色国家安全道路》，新华网，2014 年 4 月 15 日。

② 于志刚：《网络安全对公共安全、国家安全的嵌入态势和应对策略》，《法学论坛》，2014 年第 6 期。

政治安全产生冲击，具体体现在两个层面：对正常实际政治运行的侵害；对社会意识的损害。

（一）对正常政治秩序的干扰

第一，网络政治动员的受众更加广泛，因此对实际政治运行秩序的危害更大。与传统政治动员只能动员特定人群不同，网络政治动员是不加区分对整个网络对象进行动员，形成共鸣，发起事件。这种受众和参与者的广泛性，改变了原先现实政治动员参与者是较为单一的利益群体性质，使在网络政治动员中的参与者覆盖了社会各个层面，包括普通大众和社会精英，体制内与体制外等。这种普遍性使得网络政治动员很容易在不同层面实现其自身目的，要么使整个社会群体对现存政治秩序产生抵触和阻力，要么干脆促成公共事件而改变现存政治运行秩序。

第二，网络政治动员的发起者更加隐秘，难以控制防范。与传统政治动员可以明确定位发起者不同，网络政治动员的发起者可以通过技术手段隐匿或者就没有明确的发起者（而是社会的自激与自组织反应），这就使传统的安全监控体系面对网络政治动员难以监控，难以追责，难以预防。因此，这也意味着动员发起者能够采取的行动更为大胆，调动的资源更多。

第三，网络政治动员的跨地域性和联动性更为明显。传统政治动员总是集中在某一特定的地理空间和场合，而网络政治动员可以发生在整个网络的各个位置，以及相应的国土空间的任何位置，任何现实安全监控体系的薄弱环节都有可能爆发网络政治动员。由于网络联系的超时空性，能够同时协同多个地域的公共政治运动，这就更增加了防控体系的难度与复杂程度。

第四，网络政治动员很容易形成内外混合型政治动员。网络社会由于天生的开放性与跨国性，使得网络政治动员很难区分是单纯内生型（境内发起）的动员还是输入型（境外发起）的动员。或者单纯的内生型政治动员也很容易通过互联网与境外政治力量相结合，接受资助和指导等等。而由于网络社会的开放性和海量信息，又很难通过传统的口岸监管的方式给予识别，这就导致网络政治动员很容易形成内外结合的态势，并且在事前很难防范，事中很难控制，事后很难追责。

第五，网络政治动员发展的非阶段性使得事态结果难以预料和防范。与传统政治动员发展具有规模和阶段可预测的特点不同，网络政治动员的发展规模很难被预测和阶段划分，其不但常超过政府的预测，对于身处其中的参与者乃至发起者，都很难预测其事态的最终结果和走向。这本质上是由于网络社会动态的混沌特征决定的。因此，网络政治动员一旦产生，就很难去划分其规模到底多大，时间到底多长，无论其初始诉求是什么，最终也很难区分到底是情绪表达型、利益诉求型、政策压迫型还是政权获取型。这就导致对网络政治动员的防控和治理体系难以有效组织和实施。

第六，网络政治动员很难防控和治理。由于网络政治动员具有不确定、阶段演化的模糊性、隐匿性、多样性等，使对网络政治动员很难有效预防，而一旦事态发生后，又由于短时间很难明确发起者（或者就没有单一的发起者）和确定事态的发展阶段，因此缺乏明确有效的针对措施。传统手段如制止公共聚集、隔离发起人等手段，由于网络社会匿名性、超时空性等特征又很难得以实施。因此，网络政治动员对现存的整个政治安全防控和治理体系都产生了极大的挑战。

（二）对政治价值——意识形态的冲击和影响

由于网络社会中传播的网络内容与价值可以直接作用于个体的思想与意识，因此网络政治动员天然带有了对社会意识的影响能力，使很容易产生强大的对传统社会思想意识的影响和冲击。

第一，网络政治动员的受众广泛，很容易形成整个社会的认同。网络政治动员天然具有受众广泛，无差别性的特点，其直接作用于整个社会的各个群体，因此，很容易能够在全社会形成共识和认同，这就对原有的官方意识形态形成了严重的冲击。

第二，网络政治动员的形式多样，不容易引发受众的接受疲劳。与现实动员单一的宣传形式不同，网络政治动员的形式非常多样，渠道众多，可以通过广泛的文章、网络段子、视频、动画等各种形式，通过通信工具、网络社区、论坛、微博微信、博客乃至游戏中的通信等各种渠道实现政治动员，甚至将政治动员隐含在多种具有娱乐性的内容中，这就不容易引发受众的接受疲劳和抵触情绪。

第三，网络政治动员通过发挥主体能动，隐藏了政治动员的被动性。网络政治动员在发起后，更多通过调动受众的自发积极性，形成全民参与的动员形式，因此网络政治动员在后期更多的是一种受众的自我动员、相互动员和激励，从而不断引发新的力量介入动员过程，并通过受众自发的思想，隐藏了政治动员的被动性特征，使其认为是自我思考得出的结论。那么在动员的同时，也将所主张的价值与意识直接嵌入在受众的自我意识中，完成了悄无声息的意识迁移。而一旦当这种意识迁移完成后，社会整个的共识就会相应改变，原有的官方意识形态就会被逐渐替代。作为整个政治权力支撑的意识形态很难继续成为共识。

第四，网络政治动员很容易受到外部意识形态的干扰。由于网络社会的开放性与超时空性，网络政治动员比传统时代更容易受到外部意识形态的干扰[①]，外部意识形态可以通过各种输入性文化产品和寻找内部代理人的方式实现意识形态的隐蔽性迁移。而这种迁移，又借助网络社会的广泛性很容易传递到社会各个层面，并通过互动性形成受众的自发意识。

第五，网络政治动员的意识形态作用很难被识别和防控。由于网络政治动员的广泛参与性、多渠道性、隐秘性，网络政治动员对意识形态作用很难被有效地识别。传统基于人工审查等方式很难实现这种意识形态宣传的阻断效果，而当前基于机器识别的能力和效果又非常低下，因此，目前而言对网络政治动员在社会意识影响方面的防范手段非常有效，其效果也不容乐观。

网络政治动员与传统政治动员最大的不同是其不仅在组织社会行动方面的能力更强，而在意识形态方面的影响也远远大于传统政治动员的形式，并对国家政治安全会产生严重的冲击和挑战。这就要求系统性建立针对网络政治动员对国家安全冲击的防范策略和措施。

---

① 杨文华：《网络文化的意识形态渗透及其应对》，《理论与改革》，2010年第6期。

三、网络政治动员对国家安全的防范策略和措施

网络政治动员对国家安全特别是政治安全产生严重的冲击，并且网络政治动员非常难以预测、监管、防控，而现有的对政治动员的防控手段在网络社会中基本难以发挥作用。但这并不意味着面对网络政治动员的挑战，没有任何可以做的准备和措施。本节就对可行的策略和措施进行分析。

（一）网络政治动员安全防控的基本原则

从政治动员安全防控角度，还存在两个基本原则的协同和平衡，一种原则是以国家权力安全为导向的原则，这体现了一种传统的国家安全观[①]，另一种是以个体权利维护的原则，这体现了现代社会意义上重视个体权利保护和个体安全的观念[②]。而在现实中这两者往往又存在一定程度的不一致，因此需要在现实中形成两者的有效平衡。

所谓国家权力安全为主的原则，是指一切安全维护行为是以现有的国家政治权力与政治秩序安全为最高原则，一切的安全行动都以此为指导，任何其他的原则都从属于这一最高原则之下。而在现实中，为了实现这种权力安全，往往可以从事法律所没有允许的若干措施。

当然这种权力安全为主的原则也存在不同层面的表现形式，有些手段表现得比较直接，而有些手段就表现得比较隐晦。

较为直接的方式是采取直接的大规模监控、相互告密、人身自由限制等方式来实现对国家权力维护，然而这种方式由于直接违反法律和对人身的直接伤害，往往会产生非常恶劣的社会影响，特别是在网络时代，这种行为一旦曝光，往往无助于网络政治动员的解决，反而有可能促使网络政治动员更加升级，如从情绪宣泄和利益诉求型的政治动员激化为政策逼迫和权力获取型动员，反而最终伤害了整个国家权力结构。

---

① 卢静：《国家安全：理论—现实》，《外交学院学报》，2004 年第 3 期。

② 柳建平：《安全、人的安全和国家安全》，《世界经济与政治》，2005 年第 2 期。

另一种国家权力导向的安全防控方式是采取隐晦间接的监控措施，如美国实行的棱镜计划等，这种措施由于其隐秘性，而绕过了公众监督，并且在大部分正常社会生活中不会干涉到公民的基本自由。因此，往往是较为可行的安全防控措施。然而这种措施也由于直接监控和侵犯了公民隐私权而一旦曝光后，往往会引发较为严重的政治影响和公众不满。

与国家权力安全导向相对应，公民个体权利和个人安全原则认为应该以普通公民的个体权利维护为最高行为导向。任何安全防护行为，都不能以侵犯公民个体自由为代价，因为现代国家的国家权力是公民授予产生的，不能反过来侵犯公民的自由。

随着社会的不断发展和政治文明的进步，这种观念越来越成为一种被认可的安全原则。这无疑是一种积极的社会进步。这体现了对公民权利的重视和对法治的尊重。

然而这种观念也存在着内生性的矛盾，因为对个体安全保护和个体权利维护的实现最终是要通过法律和国家公权力来实施的，因此一旦国家公权秩序溃散，那么对于个体公民自由的保护就无从谈起。这是个体自由与安全原则所一直无法解决的内部逻辑困境。

尽管如此，个体权利维护与个人安全重视在国家安全的防控体系中越来越受到重视，而这就要求在很多环节尊重公民自由的表达权、人身权、财产权、隐私权等。这就形成了国家权力安全与个体权利安全相平衡的原则。

国家权力安全与个体权利安全相平衡的原则是指在总体上以国家权力安全为主体，而在程序上保障个体权利保障，从而形成国家权力安全与个体权利保障良性互动的局面。

虽然在理论和逻辑上，这种混合理念是清晰的，但是在实施过程中，由于公权力往往比个体权利具有相对优势，因此往往还会陷入到以国家权力为主而侵害个体权利的状态中，这主要体现在不经过法定程序随意对公民个体权利实施侵害，剥夺公民个体自由、财产、言论权利等。这就要求在实践中，不断完善保障国家权力过程中的个体权利的维护问题，制定规范化的程序流程和取得法律授权。未经法律授权和未履行规范法律程序下，不能随意剥夺公民个体权利和自由。

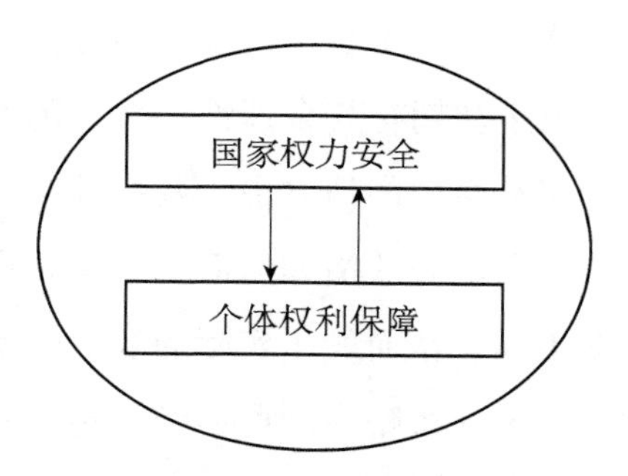

图 5－3　国家权力安全与个体权利保障相平衡的安全原则

（二）网络政治动员安全防控的若干视角和相应对策

鉴于网络政治动员对国家安全的严重挑战和冲击，有必要对其进行相应的防控和制定相应对策。从防控和对策的视角来看，也存在三种不同的视角。这三种视角本质上来自对待网络社会的三种不同视角，并与上述的三种不同的安全维护原则也有密切关联。总体而言，当前对待网络社会的三种视角包括：虚拟社会视角；现实社会延伸视角；虚拟现实混合态视角。各个视角也相应对应着不同的治理策略。

那么具体对于网络政治动员的安全防控而言，也存在着三种相应基本策略，即自由放任策略；严格管制监控策略；相互结合策略。

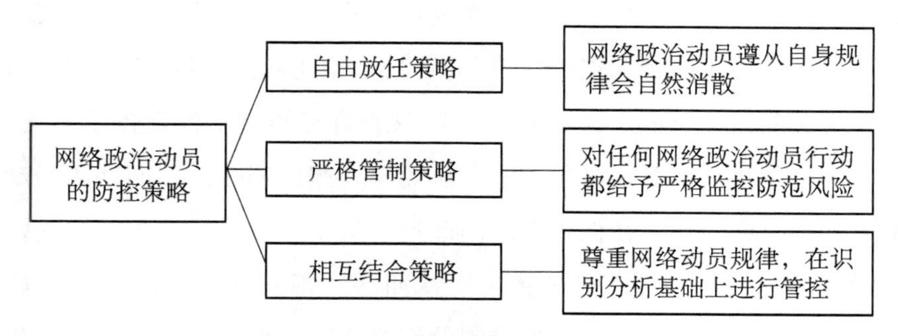

图 5－4　网络政治动员的防控策略

第一，是自由放任策略。自由放任策略是指对网络政治动员采取不管不问的态度，其基本的逻辑是，只要现实政治做到清明、正义无论网络社会中如何动员，都很难对现实社会产生冲击。视角的出发点还是认为网络社会是与现实社会独立的不同的社会存在，因此不会对现实社会有什么根本的影响。

这种观点在网络社会诞生初期有其合理性，然而随着网络社会越来越与现实社会高度融合，并且网络社会中的信息由于网络社会的特殊性，往往会产生扭曲模糊等情况，因此，即便现实政治如何清明正义，也往往会由于信息的误导和扭曲形成强大的公众不满，从而发生实际的政治运动而危害现实的政治安全。因此，这种彻底的自由放任策略在当前已经不再适用于越来越与现实社会融合的网络社会治理中。

第二，是严格管制策略。严格管制策略是认为任何的政治动员无论网络还是现实社会都有可能产生巨大的影响并形成不可预测的政治运动，从而危害国家权力体系的安全，因此必须给予高度管制。应该说，这种视角看到了网络社会在事态演化过程中的动态性、不确定性、突变性所带来的风险，因此采用严格管制的策略。而在具体执行中，则侧重于对各种形态、规模大小的网络政治动员形式都采用高度警觉的态度和严格的管制策略，如从最轻度的个体行为监控，到限制个体言论和上网权利，限制个体自由，乃至进行人身隔离等物理强制措施。

严格管制策略的初衷也是有其合理性的，但是在现实中往往遇到三种困难。一是无法有效分辨真正有威胁的政治动员和并无实质威胁的政治动员。由于网络上政治动员数量众多，而又无法进行有效分辨，因此，使那些真正有威胁性的政治动员很难得到真正的管制，而大量无威胁的情绪宣泄型的政治动员却消耗了大量的监控资源。这就导致了资源的浪费和整个处置体系的无效性。二是严格的管制往往会更加激化矛盾，从而起到相反的效果。网络政治动员是一种典型动态过程，而往往低级诉求的政治动员中，过早采取强制措施，很容易更加激化原本就愤怒和不满的人群，从而将小规模低诉求的政治动员扩大化。三是侵害公民个体权利。严格管制的策略往往还伴随着对公民个体权利的侵害，这种个体权利包括公民的自由表达权、对政府的监督批评权、言论自由权、人身自由权等。因此，彻底严格管制的策略也很难行得通，这就衍生出了相互结合的策略。

第三，是相互平衡的策略。相互平衡的策略是一种理想的策略状态，是对之前两种策略的有效结合。这种理想的状态试图在两种极端的策略间找到平衡，以最大程度上实现以下目标。

一是对真正高风险的网络政治动员的有效识别。在大量的政治动员中，只有那些具有较高政治诉求（如政策压迫型，权力占有型）才对实际政治行为有所危害。因此，理想的状态是将那些真正高风险的政治动员识别出来，并给予有效的管控。

二是对轻微的政治动员给予默许或者观察的态度，同时加强实际政治的清明正义。相对应高风险的政治动员，对于低风险的政治动员仅给予观察等措施，而同时不断加强对现实政治的完善，使低风险的政治动员无法汲取现实社会中的不满能量而发展成为高风险高诉求的政治动员。

三是将有效的管控资源投入到高风险网络政治动员管控中。在对高风险的政治动员识别后，得以将管控资源真正有效地投入到对其管控的全过程中，以便在必要时间地点给予有效的管控。

最后在有效管控情况下，充分保障普通公民的各种合法权利。尽管对网络政治动员的控制不可避免会妨害公民的个体权利，但这种伤害至少要做到两点：一是要做到最低限度；二是要做到程序合法。在采取措施时尽量做到弹性政策，而不是简单的实施人身控制等措施。以尽量保障公民在网络中行使各种合法权利。

以上这种状态虽然是理想的最佳状态，但是在实际中的困境往往来自网络社会行为的难以识别、隐匿，以及过程的不可预测性，因此很难真正做到策略上的理想状态。这也是相互结合策略需要不断完善和探索的方向。

（三）中国网络政治动员安全防控的策略措施建议

结合以上的各种分析，在此提出中国网络政治动员安全防控的若干策略，由于网络社会本质上是横跨了现实社会与虚拟社会的整合型社会形态[①]，并且

---

① 何哲：《网络社会：通向自由抑或奴役》，《当代中国政治研究报告（第13辑）》，2015年。

对国家安全的威胁也同时在这两个层面发挥作用，因此这些策略集中体现在现实层与虚拟层两个层面。

现实层面的建议有以下几点。第一，加强现实社会的公平正义建设，减少社会对立，降低对正义程度不满的负面情绪。当前网络社会中存在着严重的社会对立本质上是来自现实社会中分配不公。在现实中感知不到分配正义，在现实中形成的社会阶层对立就迁移到了网络，并被网络放大。除了分配正义，还需要通过法律体系建设，形成整个社会的基本公平正义，这样才能最大程度上减少社会本身所蕴含的破坏性能量。

第二，加强现实社会的参政渠道建设，降低中国网络社会的政治性。中国网络社会的政治性过高的特点，其重要原因就来自现实政治参政渠道的缺乏，从而使得网络形成了第二参政渠道。那么为了降低中国网络社会的政治性，就必须加强现实政治的参与性，拓展普通公民在现实中参与政治的通路。

第三，提高整个社会教育水平，提高公民的理性程度。当前网络社会的主体是未受过高等教育的群体，在理性程度上具有较大的提升空间，要不断加大普通公民的教育水平，加强其理性思维。

第四，加强现实生活中的法治建设，提高整个社会的法治水平。法治既关乎整个社会的公平正义，也关乎普通公民的权利保护，因此，要进一步加强现实社会的法治水平，保护普通公民权利，降低单个个体对社会权力秩序的不满。

第五，加强基层司法力量配置，降低正义距离。提高法治的同时，还需要进一步加强基层的司法力量，使公民能够就近便捷地获取正义服务，这样就不必求助于网络实现自身的正义诉求[①]。同时也加强了基层对政治动员的防控力量。

虚拟层面的建议有以下几点。第一，加快网络立法进程，实现网络秩序的法治化。网络治理最终如同现实治理一样，需要构建法治化的治理体

① 何哲：《缩短“正义距离”》，《学习时报》，2015年3月16日。

系。而当前中国网络治理的严重问题是网络立法极度缺乏，对各种网络行为缺乏有效的规范和指导，这就导致公民在参与网络运动时没有有效的行为指导。

第二，改善官方网络宣传与舆论引导的手段和策略。与非官方网络动员多样的形式相比，目前的官方网络宣传引导渠道单一形式僵化，宣传效果不佳，这就使得官方的网络政治动员往往不能与非官方的网络政治动员相抗衡。从而在构建社会意识方面陷入被动，而社会意识的构建最终是靠社会主体的自觉自愿才能完成的，强制性的社会意识不能真正持续。因此，必须要改善官方网络引导的手段和策略，积极采取微博微信、网络社区、音乐、视频、游戏等各种渠道。淡化对抗性色彩，而转为激发网络主体内在主动性的形式实现社会意识的构建。

第三，加强对网络政治动员防控体系的技术研究。对网络政治动员的防控，最终需要有效的技术支撑，才能实现对真正危害性的动员的识别和防控。因此迫切需要对网络主体的运动特征，网络事件的演化，以及网络事件的发展趋势和结果研发出有效的监控和预测体系，这就需要深入的网络技术基础研究给予支持。

第四，保障合法网络行为的自由通畅和网络主体的个体权利。在对真正有风险的网络行为识别基础上，真正加快开放网络合法行为的自由通畅和网络主体的自身权利。包括言论自由，政治参与权利，对政府的批评监督权等。以便公民能够在现有秩序下，就享受到应得的权利，而不必寻求制度的变迁来实现。

第五，加强对境外势力参与国内网络政治动员的防控。网络政治动员往往会演化为内生型与输入型混合的特征，而有境外势力参与的网络事件也往往具有较大的风险和产生较大的实际危害。因此要进一步加强对境内外网络主体互动行为的识别和防控。然而这并不意味着一定要采取隔绝网络的行为，因为往往不能起到有效的作用和激发更大的不满，而是应采用较为温和和间接的监控策略，当然这也需要技术力量给予充分保障。并且积极拓展网络社会治理的国际合作，这也要考虑国际政治中的复杂性。

小　结

本章分析了网络社会所引发的典型政治行为——政治动员的变化，第一，分析了网络政治动员与传统政治动员的核心区别，包括从发起者角度，网络政治动员的发起者则是更加隐匿和模糊的；第二，从动员政治目的角度，网络政治动员的目的更为多维度和模糊；第三，从群体行为的发展形式与阶段的角度，网络政治动员演化的阶段更为模糊和非线性；第四，从对动员资源约束条件的需求角度，网络政治动员更加不受现实资源约束；第五，从组织形式的角度，网络政治动员的组织形态更为多样；第六，从动员效果的角度，网络政治动员的效果更加多样；第七，从动员结果是否可预测的角度，网络政治动员的结果更加难以预测。继而分析了网络社会政治动员的风险防控原则认为，对网络政治动员的风险防控要形成在国家安全与个人权利保障的平衡的原则。第八，本章提出了若干针对性的策略，包括现实层面和网络层面。

第六章　网络社会时代的国家安全问题

网络社会与传统社会具有截然不同的基本结构与属性，因而在对传统社会的各个方面产生全面冲击的同时，在国家安全层面上，直接导致了对原先传统国家安全格局与架构的冲击。本章对网络社会的兴起对传统国家安全的四个方面影响进行了深度分析：传统国家安全的主体被裂解；国家安全的范围被扩大；国家安全威胁的形式与层次更加复杂多样；对危害国家安全行为的识别和防控更加困难。最后，本章提出了相应的对策。

网络社会引发的国家安全问题有很多层面，本章将重点集中回答三个层面的问题：一是国家安全与社会结构之间存在什么样的联系；二是网络社会所形成的新的社会结构对传统国家社会安全存在哪些层面的影响；三是应该如何应对来自网络社会不断形成发展所产生的国家安全威胁和应对策略。

一、传统国家安全理论变迁与社会结构的变化规律

研究网络社会对国家安全的影响，首先要清楚传统社会中的国家安全是如何界定的，其核心的内涵和外延是什么。从传统的国家安全而言，其关键在于两点：一是理解国家；二是理解安全。国家是安全的主体，而安全是国家的状态，只有在两者的基础上，才能深刻地理解传统的国家安全观。而传统的国家安全理论也是在不断随着社会结构的变化而变化的，理解这一点，也才能理解网络社会的兴起对传统国家安全产生的冲击。

（一）传统国家安全的主体——传统社会中的国家概念

所谓国家，无论如何表述，在与网络社会相对的传统社会中，其基本含义是清晰的：国家是基于地域、民族、历史、社会关系、社会文化和共识所形成

的政治共同体。这一政治共同体对内代表最高政治权力，行使国家治理，对外作为整体代表整个政治共同体，捍卫其利益，参与国际事务和国际治理。

从传统社会国家的属性和形成来看，传统社会中国家的形成是建立在地域、民族、历史、社会关系、社会文化和社会共识等基础之上的。其中最重要的是地域、民族与历史，近代国家的形成也是基于这三者要素。而在这三者中，最重要的要素是地域，也就是国土。

（二）传统国家安全的状态——消极安全与积极安全

从国家安全的状态来看，安全这一词主要表现在两个层面：一是国家的存在、运行与权力的行使不受外来侵犯和控制；二是国家能够按照自我的意愿实现生存和发展。

从前者来看，可以称之为消极的国家安全，它主要强调国家的自我独立，强调国家生存能够摆脱其他势力的控制和侵犯，使国家本体能够按照自我的意志进行管理和存在。

从后者来看，可以称之为积极的国家安全，主要强调不但国家自身的存在与运行不受外来侵犯和控制，而且在国家生存与发展的路径中，亦不受其他政治势力的威胁，可以使国家本体能够按照自我的意志和发展路径来发展和繁荣。

（三）传统国家安全的类型——以国土与政治安全为核心基础

从国家安全的类型来看，建立在国家安全的两个层面基础上，可以进一步将国家安全根据其具体领域的表现细化为不同层面的安全。通常的划分包括政治安全、军事安全、经济安全、文化安全、科技安全、生态安全等。最近国家提出了总体安全观，界定了 11 种国家安全类型，包括：政治安全、国土安全、军事安全、经济安全、文化安全、社会安全、科技安全、信息安全、生态安全、资源安全、核安全[①]。这些安全对整体的国家安全都有着密切的联系，而

---

① 习近平：《坚持总体国家安全观走中国特色国家安全道路》，新华网，2014 年 4 月 15 日。

无论哪种安全，其基本的核心都是保证国家的主权独立完整以及相应的生存、发展不受干涉威胁的状态。因此，国土安全与政治安全是传统国家安全体系中最核心的基础。

（四）传统国家安全的变化与趋势

在传统社会中，国家安全的内涵与外延也是伴随着社会的发展而相应改变的，总体而言，体现为以下趋势：一是主体的趋势变化——从国家安全到人的安全；二是领域的趋势变化——从政治军事安全为主到总体安全；三是安全威胁的形式变化趋势——以国家安全威胁向非国家安全威胁转变。

1. 国家安全主体趋势的变化——从国家安全到人的安全

最早的国家安全理论都是以国家作为整体的唯一的安全主题，20 世纪中后期开始，特别是冷战结束以来，一种新的安全观正在产生，其核心就是将国家安全的重点从国家转向公民，认为国家安全不仅应该仅保证抽象的国家主权的安全，更应该关注国家公民本身，应该在保障国家安全的基础上致力于实现个体的安全①。

将安全的主体由国家转向个体，体现了社会发展进步对人类本身生存状态的关注和回归人性。从实现形式来看，就要求在构建国家安全体系的时候，更可能多的兼顾对公民基本自由和权利的保护。这也相应地要求国家安全的视角从外部转向内部，从宏观转向微观，从关注国家对抗转向形形色色针对公民个体的权利侵害行为。

2. 领域的趋势变化——从以政治军事为主转为全面总体的安全

随着时代的发展，国家作为抽象的权力体的属性越来越转向国家作为公民多方面、多层次活动共同体的属性。因此，国家的安全就不仅是掌握权力的统治者与统治集团的安全，而且成为国家范围内社会共同体的安全。当作为一种共同体时，国家安全就必然包括社会生产生活交往等各个方面，保障其有效运行和摆脱匮乏及受到威胁破坏的状态。因此，总体安全观，充分体现了安全从

---

① 柳建平：《安全、人的安全和国家安全》，《世界经济与政治》，2005 年第 2 期。

抽象的国家主权进一步延伸到社会各个具体层面的变革。

3. 威胁形式的变化——从传统国家威胁向非传统威胁转变

历史上很长一段时间的国家安全威胁一定是来自外部的国家威胁，主要体现为其他国家的政治、军事干涉，侵略的威胁。伴随着社会的发展，威胁形式不断增多，国与国之间的威胁也逐渐从政治军事对抗转变为经济、科技、社会、意识形态、情报等领域的对抗[①]。而另一方面，新的国家安全的威胁主体也在不断产生，集中体现在具有破坏性的各种恐怖主义团体的出现，通过各种形式实现对国家安全各个层面的威胁。

（五）国家安全理论变迁与社会结构变化的关系

从传统国家安全理论的变迁可以发现，传统国家安全理论的变化也是与整个人类社会结构的变化高度相关的，随人类社会结构的变化而不停变化。例如，第二次世界大战后世界呈现出两大对立阵营，国家安全就呈现出超越国界而形成国家群与国家群对抗的特点，强调在国家对立群内的超越主权。而随着冷战的结束，全球多元治理体系的逐渐形成，以敌对国大规模侵略作为形式的国家安全威胁相对降低了，新的安全威胁如恐怖主义等逐渐兴起，传统国家安全理论就逐渐从对国家本身的安全关注转为对国家中的个体——公民的安全关注，强调国际合作，加强对恐怖主义的控制和打击，这就形成了国家安全理论的第二次变化。当前网络社会兴起，在全球形成了新的社会结构，在改变全球政治结构的同时，也必然要求新的国家安全理论体系的建立，以此适应和应对来自网络社会兴起对国家安全的冲击。

二、网络社会对传统国家安全的影响及冲击

尽管在传统社会内部的演化中，国家安全的概念已经发生了很大变化，如更加关注个体的安全，更加侧重于消除非传统安全。但是，已有的对国家安全

---

① 潘忠岐：《非传统安全问题的理论冲击与困惑》，《世界经济与政治》，2004年第3期。

的影响远远没有网络社会的到来所引发的冲击大，这一点往往是被忽视和缺乏预料的。具体而言，网络社会的兴起对传统国家安全的影响集中体现在以下几个方面。

（一）网络社会中国家安全的主体被裂解

传统社会中国家安全的主体是国家，或者说更为抽象的是国家主权。所谓国家主权，对内指国家在其辖区内所拥有的至高无上的政治权力，对外是指国与国之间平等的关系。国家主权这一概念形成于15、16世纪，让·博丹被认为是现代主权概念的创始者，他在1576年所著的《论共和六书》里形容主权是一种超越了法律和国民的统治权，这种权力由神授或自然法而来。而在国际政治实践中确立于1648年的威斯特伐利亚合约的签订，在欧洲大陆正式确立了国家主权平等、相互尊重的国际关系实践原则①。

以后，所有的国际关系实践和国家安全的建构，都是围绕着这一体系进行的，如中国1953年提出的和平共处五项原则（互相尊重主权和领土完整、互不侵犯、互不干涉内政、平等互利、和平共处）也是对威斯特伐利亚体系的另一种阐述。

然而，围绕主权完整而构建的国家安全体系，在网络社会中遭遇了严重的障碍，首先就是主权这一概念在网络中遭遇严重裂解和实现障碍②：与现实社会中的主权独立是建立在地理疆域与疆域内的实际人与财产资源等不同，网络社会中并未有明显的地理疆域的划分和实际的财产与之相对应（仅有的实际财产是指信息设备及其软件系统，然而网络社会中更多的作为活动主体的网络个体及其创造出来的网络内容、页面等，并未有明显的国家属性）。在互联网时代，很难根据网页的内容、网站注册地，或者网络中活跃的主体身份来判断某个网页的国家属性。因为，网页的内容可能来自各种渠道；同一网站的不同界面，也可能分布储存在世界的不同服务器上；活跃在某网站的网络主体，也可能来自世界的不同角落。因此，在对网络世界更为重要的主体层与内容层，很

---

① 俞可平：《论全球化与国家主权》，《马克思主义与现实》，2004年第1期。
② 朱莉欣：《〈塔林网络战国际法手册〉的网络主权观评介》，《河北法学》，2014年第10期。

难判断其国籍属性。

也就是说，传统社会中国家行使主权的首要条件是判断某一实体（人和物）的国家归属，根据国家归属来实现管辖权的确立。而这一首要条件就在网络上遭遇了严重障碍。

更进一步而言，网络社会最大的问题，是网络社会在其创立伊始和其运行实践中，在内容层和主体层，并不是以国家为划分而割裂开来的，其从一开始，就形成了互联互通的一张网，而不是若干不同割裂开来的国家网络的合作。因此，传统社会中基于国家划分的主权概念，很难在网络上确立。

如果说网络上也有大的区域划分的话，那么更多的区分则是以语言作为天然的屏障，也就是说语言是网络社会中类似于现实社会中的自然屏障。然而现实社会中从未形成以使用同样语言作为统一的权力主体，这就导致唯一可以作为自然屏障基础的语言也很难成为网络主权的行使依据。

综上所述，国家主权这一国家安全的核心概念在网络社会中遭遇了严重的裂解和行使障碍，其根本原因在于网络的主体层和内容层的跨国家属性。国家主权在网络上所体现的，仅是对应于某一国家所属的网络信息的硬件设备层，而对于内容与主体层，则体现的较为模糊。

（二）网络社会中国家安全的范围被扩大

由于网络社会中国家疆域的虚化，国家安全的范围也被相应地扩大了。对于网络社会而言，很难分清哪里是某一国家网络社会的内部和外部，也很难分清某一国家网络社会的安全威胁是来自国家网络的内部还是外部。

由于网络的透明性与无国籍性，以及技术的隐匿性和超时空性，对来自国家安全的危害行为在很大程度上无法明确其所属地域。来自现实敌对国家的网络攻击可能表现为来自其他中立国家或者来自国家网络内部。这就使传统社会中围绕国境线展开的安全防控体系面临着严重的冲击。在网络社会中，国家安全的防控范围不得不扩大到整个网络，既包括使用同样母语的所有网络内容和平台，也包括使用其他语言的网络内容与平台。因此，其防控的范围是极大的。准确地说，没有任何一个现实国家有能力对整张全球互联网进行控制，而这就成为网络时代国家安全的短板。所以网络时代的国家安全由于防控范围的扩大而使得安全力量极为分散，在遇到安全威胁时，更多的是被动地等待、缺乏主动出击的能力。

（三）网络社会中国家安全威胁的形式与层次多样复杂

如前所述，网络社会或者网络空间是一个多层次的结构，因此在网络社会时代，对国家安全的威胁也存在多层次的复杂结构。总体来说，网络社会可以划分为由信息设备与软件构成的数码层、由网络主体利用网络实现各方面互动而形成的主体与活动层、由网络主体所创造出的网络内容与其体现的意识形态与价值层。针对这三个层面，网络社会中形成了三种不同类型的安全威胁。

1. 针对信息设备与软件层的信息安全威胁

所谓信息安全威胁，就是指针对网络空间底层信息设备与支配设备运行的软件进行的安全威胁，其目的是窃取、占有、支配或者破坏一个国家的网络设备以实现自身的目的[①]。对于信息设备与软件层的保护是一国网络有效运行的基础，所有的网络活动都建立在这样一个基础平台之上。在早期的网络国家安全威胁中，信息安全是主要的形式，形成对关键设备的攻击与防护，破坏与反破坏，瘫痪与恢复为主要内容的国家信息安全防护。

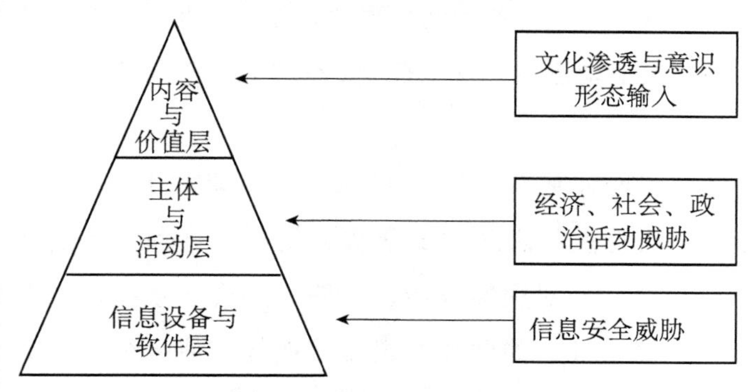

图 6-1 网络社会针对不同层面的国家安全威胁

---

① 沈昌祥、张焕国、冯登国、曹珍富、黄继武：《信息安全综述》，《中国科学》，2007 年第 2 期。

2. 针对主体与活动层中各种类型活动的安全威胁

相对于设备与软件层，网络社会中更高一层面是由网络主体所进行的政治、经济、社会活动，而新的安全威胁也针对这些主体和活动产生。需要注意的是，同设备与软件层的威胁不同，针对活动层的安全威胁并不直接体现为破坏性，而是以间接和隐晦的形式实现对网络活动的破坏。其中具体包括对网络主体权利的侵害、对网络活动的威胁以及利用网络实现对现实社会活动与秩序的破坏和干扰。

（1）对网络主体权利的侵害

主要体现为通过各种网络中可以获取的渠道（主要是公开渠道，不包括窃取等行为，窃取已经属于信息安全层面的威胁），实现对网络主体的信息收集，隐私暴露，并引发公众和网络谴责，实现对网络主体的权利侵害。

（2）对网络活动的威胁

对政治活动的威胁：通过各种网络渠道，组织政治活动，形成政治团体，从而对依附于网络社会的原有正常政治活动进行干扰和挤占，并通过网络渠道实现现实生活中政治活动的组织从而实现发起者的政治目的。

对经济活动的威胁：通过各种网络渠道，以营销、扭曲信息、欺诈等信息，形成对主体人财产的不正当侵占和对主体人正常网络交易活动的干扰。但是依然要与通过对信息系统的攻击而实现经济占有的安全威胁有所区别。

对社会活动的威胁：通过各种网络渠道，组织和形成网络社会组织，并对其他正常的网络社会活动进行监视、控制、干扰等，从而影响到正常网络社会活动的开展。

（3）利用网络实现对现实社会活动与秩序的破坏和干扰

网络社会中，更严重和隐蔽的安全威胁是利用合理合法的网络渠道构建隐匿的社会组织，并实施对现实政治、经济、社会体系的侵蚀与破坏。由于网络社会本身的超时空性、隐匿性、超流动性等，使传统手段无法实现的现实安全威胁能够得以在网络中有效的组织，这就极大增加了现实安全防范的难度。

3. 针对内容与价值层的安全威胁

网络空间的最高层是主体创造的内容层与内容所体现的社会价值层，又可以称为意识形态层。意识形态是一个社会对于最基本的社会伦理社会架构的观念集合。意识形态通过影响社会个体行为的观念动机而对社会个体行为产生观念上的指导，因此对于一个国家基本的社会规范，其重要意义不言而喻。

传统的意识形态受到严格的国家主权的控制和影响，并通过地理疆界的自然隔离和相应的口岸管理，实现了对意识形态输入的控制。然而在网络社会中，由于缺乏这样的边界隔离和明确的网络内容国别归属，因此很难实现对意识形态输入的控制。

在网络社会时代，也很难去区分大规模的具有敌对性质的意识形态宣传与公民自发性质的文化借鉴和学习的区别。仅从动机而言，网络社会中，即便是具有敌对性质的意识形态输入，也往往通过对方国家公民的主动文化学习而实现。因此，在意识形态领域，将越来越难以看到具有特定针对性、鼓动性与被动接受性的直接意识形态宣传，而是转为通过文化展示和多样的文化产品，吸引其他国家公民通过网络浏览渠道实现无形中的意识形态迁移，并最终实现对方国家政治伦理与价值的改变（这集中体现为美国提出的“软实力”战略[①]，尽管其提出是针对现实社会而言的，然而“软实力”在网络时代，得以极大的发挥和彰显）。

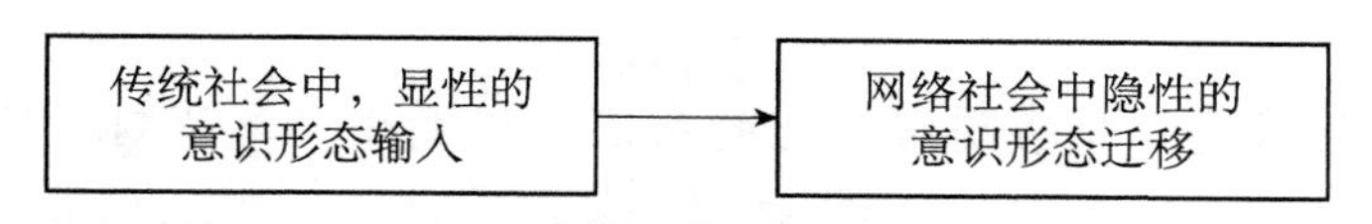

图 6－2　网络社会改变了传统社会显性的意识形态输入

（四）网络社会中对国家安全威胁的监管困难

1. 对网络社会中实施安全威胁与侵害的主体监管困难

网络社会由于其技术特性（超时空性、超流动性、隐匿性等），使在网络

① 约瑟夫·奈：《软实力》，北京：中信出版社，2013 年版。

中从事危害国家安全行为的个体很难被识别；即便识别后，也很难被追踪、定位。即便能够有效地追踪定位，也可能因为远离国土与主权范围而无法实施有效的控制与防范。因此，网络社会中对于实施国家安全危害行为的个体安全性大大提高，特别是对于在主权范围外实施危害行为，更是难以被追责和惩处。而相对于被侵害一方而言，对于侵害的只能做到被动的防范，而无法有效进行主动的攻击性预防。

2. 对网络社会中合法与非法的行为识别困难

网络社会中的监管困难不仅体现在对个体上，而且体现在对网络行为的监管上。这种监管困难来自两个方面，一方面是由于网络交互活动的便利性、无形性、迅捷性、超时空性，使网络交互活动的频率和范围远远超过了现实社会中的交互行为，以经济交易为例，现实社会中的交易大多发生在特定具有资质（表示处于政府监管之下）的特定场所之中，形成买卖双方有形的交互。而网络交易行为却可以发生在网络中的任何渠道。无论是从数量上还是渠道上都难以对交易行为实施有效监管。

另一方面，网络中的各种最终表现为非法的行为，其在网络阶段往往与合法行为相混合，很难在初始阶段就给予识别，只能等待最终的侵害安全的结果产生后，才可能发觉这种侵害行为。而如果为了阻遏非法侵害行为的发生，就对所有的合法行为进行屏蔽，又会造成严重的网络堵塞和隔离，产生极大的经济与社会利益损失。

3. 对网络社会中侵害安全行为的原因、模式分析与预测困难

网络社会中的行为与传统社会中行为的巨大不同来自于网络社会本身的复杂动态特性，包括非中心、不确定性、突变性、协同性等。而在具体的侵害安全行为的事件中可以看出，与现实世界中类似的安全事件不同，网络事件在发酵和酝酿过程中，有些有明显的发起者和发起动机，而有些并没有特定的发起者和发起动机。或者即便有些有明显的发起动机，但是事件的发生过程和最终的规模结果，远远超过了事件构化者的计划和想象。一旦事件发生后，在逆推其原因时，又往往找不出什么特别重要的原因，而发觉网络安全事件的结果是一堆看似毫无关联莫名其妙的不确定因素的偶然组合。

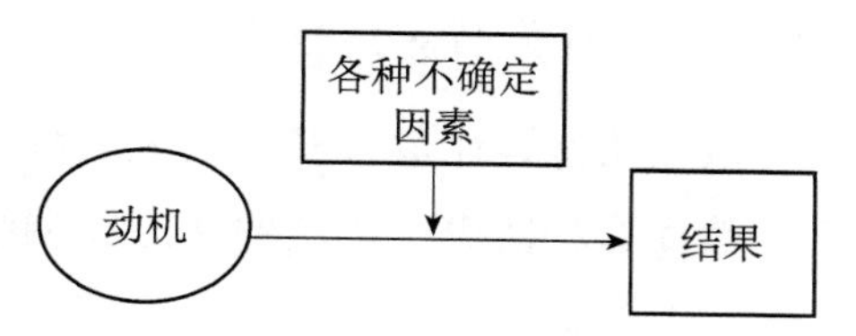

图 6-3 网络社会事件发生受到各种不确定因素的巨大影响

在现实社会中，现实社会事件的发展过程也受到各种不确定因素的影响，则这种影响往往是渐变的，可以大体预测和判断。而网络社会中事件的发展过程，则受各种不确定因素的影响更为剧烈，在很大程度上，事件本身的原因和动机并不重要，它仅仅是一个诱导，最终演化成为巨大的危害安全的网络事件。

网络社会中这种社会活动的运行模式为网络社会监管危害安全的活动产生了极大的困难。监管者很难对网络事件最终发生的结果和阶段性做出准确的判断以便合理配置资源和选择干预手段。而在回溯和分析原因时，又难以找到明确的原因以避免后续类似事件的发生。

4. 对网络社会中侵害安全行为的处置困难

对侵害安全行为的即时有效处置是制止和纠正安全侵害事件的关键，这种处置既包括对侵害主体的及时发觉处置，也包括对正在发生的侵害事件的识别和制止。

如前所述，由于网络社会的超时空性、隐匿性、便捷性等，很难发觉侵害主体的身份、位置等信息，往往在事后才被侵害主体出于各种动机主动承认。而一旦能够发现定位后，又超过了政权的控制范围，难以追责。这是对个体的难以处置。对于社会行为而言，网络社会中，社会交互以各种合法渠道进行，很难对其进行有效分辨和识别，往往等事态发生后，追溯环节才能大体猜测危害事件发生的手段和进程。而事态一旦发生，对于后续事态的可能走向又很难进行预测，因而造成传统的处置手段失效，甚至造成更为严重的激化效果，这就使得网络社会中侵害安全行为的处置非常困难。而当处置手段失效时，对于安全侵害事件的警示意义和防范能力也就失效了。

5. 对网络社会中侵害安全行为的防范困难

构建国家安全体系的最佳状态是让危害安全的风险降到最低，将侵害安全的行为消灭在萌芽状态。然而这种防患于未然的状态在网络社会中很难有效的建立起来。

一个社会建立预防性质的安全体系，其中重要的环节就在于对危险个体的识别、监管、追踪和惩戒；对合法与非法行为的识别与干预；对事件发生模式的判断和事件发展过程与结果的预测。只有这些环节都做到后，才能够建立有效的防范机制，最大程度上消灭潜在的安全危害风险。然而，网络社会中由于这些环节都做不到，也就很难建立起有效的安全风险潜在防范体系。

综上所述，可以看出，现有的国家安全理论是紧紧围绕和建构在传统的国家主权完整和领土安全之上的，即便有新形态的安全思想也没有充分改变这一实质。然而在网络时代，传统安全观的若干核心要素都被裂解和解构，从而使得传统安全观在本质上无法适应网络社会的发展。鉴于网络社会的发展是人类发展的重大历史进程，因此必须围绕网络社会的特点形成新的安全观念和安全战略。

三、构建应对网络国家安全威胁的防范策略体系

网络社会对国家安全的威胁是全方位的，因此，需要一系列庞大的策略来进行相应应对，在此仅列出若干大的策略方向。

（一）适应网络社会兴起的历史趋势

在国家战略的高度，面对网络社会，首先是确立正确合理的观念，这一观念就是网络社会的兴起是人类整体发展的历史趋势，任何国家、政府、个体都无法违背这一历史趋势，因此，任何战略制定都应该尊重和承认网络社会的基本特性。在此基础上，才有针对网络社会各个层面的策略。

（二）系统制定网络信息安全战略

从网络信息安全战略角度，其要害有三个层面：一是技术层面的安全与独

立，从当前来看，主要网络技术如网络协议等均掌握在发达国家手中，必须系统打通整个技术路线，做到技术上的安全与独立；二是建立系统的防御策略和体系，在技术自足的基础上，系统制定整个信息安全的防控策略和体系，包括防控的技术、工具和组织体系；三是建立信息安全的对抗体系，包括研发预防性的网络武器集，作为对敌对网络攻击的反制手段，以及建立系统的分级应对战略。

（三）系统制定网络威胁主体与行为的识别体系

网络安全威胁的主要特点就是主体和行为的难以识别，因此，必须要有针对性地研发大规模潜在威胁主体与行为的识别与预测体系。这一体系是保守的和精确的，并不是对整个公民的大规模监视并干涉公民自由和隐私，而应该是一旦发现威胁主体和威胁行为时，就迅速做出精确定位的体系，要避免以安全为由不加分别地对公民实施大规模监视计划。

（四）建立以文化与文明为导向的新型安全观

如果说传统时代，国家主权安全的基石是国土，那么在网络时代，在国土之上，其更重要的基石是文化与文明。网络时代并不依托于国土，而是以文化与文明作为网络主体和行为的辨识和归属①。因此，一个在网络上广泛流传并被普遍接受的文明体系无疑是更加具有主权安全的。必须在网络社会中，形成安全的文明体系，并以此形成核心的安全观和策略。

（五）完善自身制度建设

看似自身制度建设与网络社会的国家安全相关不大，但实际上是非常重要的。因为由于网络形成了文明与文明、制度与制度之间的直接对话，因此，只有不断完善自身的制度体系，才能在面对其他制度时，形成平等的对话，同时也才能更加促进本身文明的向心力。

---

① 石中英：《论国家文化安全》，《北京师范大学学报（社会科学版）》，2004年第3期。

（六）形成网络社会国际合作治理体系

国际合作治理的起源有两个，一是第二次世界大战使各国在面对战争威胁时必须形成有效的国际合作，这形成了联合国体系。而在当前，网络时代又一次使国与国必须形成有效的国际合作。因为由于网络的匿名性、跨时空性等众多特性，使单一国家无时无刻不在面临着来自整个网络的潜在威胁，而这一整个全球网络是分布在各个国家中的，因此，各个国家都需要协同起来形成国际范围的网络治理策略。

小　结

本章较为系统地分析了网络社会所引发的对国家安全的冲击，包括从国家安全的主体——国家主权、国家安全的范围、国家安全的威胁形式和监管等角度进行了较为系统的分析。认为网络社会导致了国家安全的主体被裂解，安全的范围被扩大，安全的威胁形式多样，包括信息层、主体层和价值层都导致重要的改变。从防控策略而言，本章提出了六个维护国家安全的策略：一是适应网络社会兴起的历史趋势；二是系统制定网络信息安全战略；三是系统制定网络威胁主体与行为的识别体系；四是建立以文化与文明为导向的新型安全观；五是完善自身制度建设；六是形成网络社会国际合作治理体系。

第七章　网络社会时代与个人自由——通向自由还是奴役之路？

网络社会在形成新的社会结构的同时，也对社会的主体——人本身产生着深刻的影响。一种盲目乐观的观点认为，网络社会一定会促使人类社会更加自由，然而这种观点忽视了网络社会作为技术文明的高峰对人类自由本身的侵蚀。因为，网络社会在便利人们生产生活和重构社会组织方式的同时，也在很大程度上从经济、政治、社会、思想等各个方面剥夺了人作为个体的社会存在基础。这就直接导致了个体自由根基的丧失。因此，网络社会不一定会通向自由王国，反而有通往新的奴役时代的可能。为了保障网络社会能够真正促进人类的自由发展，需要从对技术使用的限制、对个体权利的保障和私权与公权的平衡角度来实施有效的制度保障。

伴随着网络技术的发展，人们在享受网络技术所带来的沟通便利的同时，社会本身也以全新的方式进行着重新的塑造和构建。一种典型的乐观观点认为，网络社会是人类新的自由形态，网络社会注定会使得人类通向更大的自由。这种观点集中体现在约翰·巴洛在《网络社会独立宣言》中所说。

“工业世界的政府们，你们这些令人生厌的铁血巨人们，我来自网络世界——一个崭新的心灵家园。作为未来的代言人，我代表未来，要求过去的你们别管我们。在我们这里，你们并不受欢迎。在我们聚集的地方，你们没有主权。”……“我们正在创造一个世界：在那里，所有的人都可加入，不存在因种族、经济实力、武力或出生地点产生的特权或偏见。我们正在创造一个世界，在那里，任何人，在任何地方，都可以表达他们的信仰而不用害怕被强迫保持沉默或顺从，不论这种信仰是多么的奇特。你们关于财产、表达、身份、迁徙的法律概念及其情境对我们均不适用。所有的这些概念都基于物质实体，而我们这里并不存在物质实体。”①

巴洛的表述实际上代表了网络社会理想主义的极致，其认为在思想、财产、表达、身份、迁徙等各个方面在传统社会中所受到的桎梏，都可以因为网络社会的形成而消解，在网络社会中社会整体将进入到新的自由形态之中。然而，无论从理论还是现实来看，这种观点都在各个方面忽略了网络社会本身所蕴含的消减人类社会自由程度因素的增长。

通过进一步研究可以发现，网络社会由于其在形成时所蕴含的本质属性，从而内在具有自由与不自由两种因素和趋势。因此，网络社会是否能带给人类更大的自由，取决于网络社会内在两种程度的此消彼长和人类在保障网络社会制度建设方面的努力程度。

一、网络社会与人类自由的一般关系

本书第一章，分析了网络社会的几种理解视角和网络社会的本质，在此基础上，就可以进一步探索网络社会的发展是如何影响到人类自由的。这可以从以下几个层面进行理解。

（一）人类社会自由的影响要素

要探讨网络社会对人类自由的影响，不仅需要理解网络社会的属性，也需要理解人类自由的各个层面的影响要素。可以说，在人类提出的种种概念范畴中，自由是最难以界定的概念。通常而言，自由可以表述为，在法律界限内，个体按照自我意志行为的状态。在这一表述下，还可以延伸为两种自由，即“积极自由”与“消极自由”②。积极自由是指按照自我意识行为的自由；而消极自由是指个体避免受到其他个体干涉的自由。无论是积极自由还是消极自由，自由的核心都存在于两个层面，即在一定界限内的自我意志的独立和

---

① 约翰·P. 巴洛著，李旭、李小武（译）：《网络空间独立宣言》，《清华法治论衡》，2004 年。

② 关于自由的概念，参考 Berlin，I. （1979）. Four Essays on Liberty. Oxford：Oxford University Press. mill，J. S. （1996）. On Liberty. London：Macmillan Education.

按照自我意志的行为。因此，自由存在精神的自由和身体行为的自由两个层面。

从自由的主体而言，自由还由于主体的不同存在个体自由与群体自由的差别①。作为个体自由，强调的是个体独立的意志和行为状态，而群体自由强调的是作为一个群体所具有独立的意志和按照意志行为的状态。虽然个体自由与群体自由存在确定的一致性，例如当群体能力的增强时，群体内的个体自由也会相应地增长，但是在很多时候个体自由与群体自由之间并不是一致的关系，并且往往在群体自由增长时，由于内部的整合而损害了个体自由的自主性，从而削弱了个体自由。

从影响自由的要素来看，自由的要素体现在两个方面，一是独立；二是活动的范围。具体在精神层面，体现在精神层面个体精神的独立程度和精神活动的范围；其次体现在行为层面的个体行为的不受干涉（独立程度）和实现自我意志的行为的范围。独立体现为不受其他主体的影响，而范围往往受个体所具有的能力而影响。也就是说，当个体具有更大的能力时，也就能够在更大程度上实现自我意志的行为化。

（二）社会组织与技术的发展必然会关系到人类自由

在探讨网络社会的发展与人类自由的关系时，必须要从更高的层面来俯瞰，否则不能理解网络社会为什么会影响到人类的自由。从人类历史的发展来看，人类社会组织制度和技术的发展与人类自由的关系探讨并不是一个新的问题。每一次技术的出现和社会结构的变化，都会引起这种技术的进步对人类自由影响的思考②。总体而言，存在两种基本的观点。一种观点认为，人类的技术发展极大地增加了人类的个体和群体能力，从而使人类的个体与整体都具有了更大的自由。另一种观点认为，虽然技术增加了个体和群体的能力，但也正是因为能力的增加却反过来使得人类本身更加依赖于技术而丧失了人类个体的独立性，从而削弱了人类的自由本身。与之相似的另一种解释认为，技术的发

① 高玉：《从个体自由到群体自由——梁启超自由主义思想的中国化》，《学海》，2005年第2期。

② 如陈俊：《技术与自由——论马尔库塞的技术审美化思想》，《自然辩证法研究》，2010年3月。

展使人类在具有对客观物质世界更加强有力的利用能力时，也隔绝了个人精神与自然与宇宙的联系，因此使人类在精神上的活动空间更加狭窄，也限制了人类的个体自由。

每当技术有新发展，都会产生反复的讨论和交锋。较近的例子是后现代主义对工业文明的反思，认为以大规模、批量化、格式化、精准标准化为核心特征的工业时代在便利人类物质自由的同时，也极大限制了人类精神的自由和个性的解放。因此，强调反对工业文明的规则化和精准化等。而在网络社会时代，由于网络社会是对人类社会前所未有的新的组织和存在方式，因此也值得我们进一步去探索网络社会与人类自由的关系。

（三）网络社会的本质属性对人类自由的影响

结合如上的分析，可以发现，网络社会对人类自由的影响可以体现为多个层面。

从技术能力角度，网络社会极大地扩展了人类社会的组织能力和提供了新的存在方式。这极大地提高了社会在各个领域的组织和运行效率。因此，从群体自由的范围，网络社会必然增加了人类社会生存和发展的能力，使人类社会在整体改造自然面前具有更大的能力。从这个意义而言，网络社会一定增加了人类社会作为有机整体的群体自由。

当视角从群体自由转为对个体自由的影响时，可以发现网络社会的发展，对人类社会中个体的自由的影响是多方面的。一方面，从积极的意义而言，网络社会由于其强连接性和提供了个体的新的存在、沟通和活动方式，从而也极大扩展了作为个体的能力。而当个体能力提升时，个体也就具有了更为强大的实现自我意志的能力；例如，通过网络社会，个体可以实现便捷的跨越物理限制的异地沟通，这就实现了个体的沟通意愿；个体可以通过网络购物，实现更为广泛的市场获取物质和精神需求的意愿；通过虚拟组织等形式，可以实现异地工作和生产等，这就使得个体不必受工作场所的限制，扩大了个人的行动范围自由；通过虚拟现实的空间构造，可以使个体在更大的虚拟活动范围内活动，这就从另一层面拓展了个体的活动范围（例如可以不经实体到达而实现对某一区域的探索和游览）；通过各种网络平台发表自己的言论，这就拓展了个体的表达自由等。另一个方面，网络社会由于其本质的特性，也蕴含本身导致人类社会不自由的影响因素。如前所述，网络社会的核心本质体现为两个层面，一是人类社会的强连接性；二是人类社会的新的存在方式。由于强连接性，引发了人与人之间距离的缩短，这种缩短不是体现在实际物理空间的缩短，而是交流与精神距离的缩短，从而使原先由于物理隔绝产生的思想的自由被迫在网络社会由于与更多个体的互动（根据六度空间理论，事实上具有与整个人类社会任何个体互动的可能），从而导致任何个体思想都直接与其他个体思想产生碰撞和融合。这种互动结果就是从思想范围的角度，限制了思想意识的自主性。

因此，可以看出，网络社会对人类的自由存在多方面的影响，其核心在于网络社会内在的两个本质所带来的不同影响，一方面，作为社会新的存在和运作方式的网络社会的形成，网络社会帮助人们在获取精神与物质资源的同时克服了物理空间的限制，从而提高了人类自身获取精神与物质资源、表达自己和实现自我意愿的能力，这必然带给人们更大的自由；另一方面，作为人类社会前所未有的强连接组织方式，在扩大个体与其他个体沟通和表达能力的同时，也缩小了作为个体之间的精神距离，直接影响到了个体的人格独立，这就削弱了个体的精神自由基础。

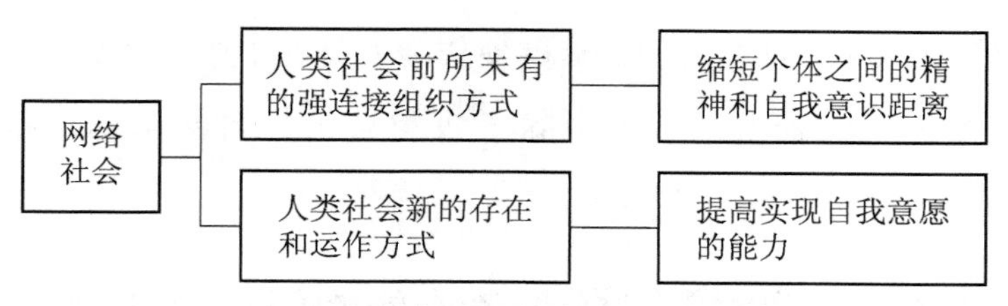

图 7-1　网络社会的属性及对个体自由的影响

二、网络社会发展对个体自由侵害的若干可能因素

在探讨完网络社会与人类自由的一般关系后，可以进一步从现实和未来的发展来探讨网络社会将对人类社会的自由产生何种影响。网络社会对于提高个

体和群体的能力从而扩大人类的个体自由与群体自由这一方面的影响，已经没有什么疑问。而对于网络社会伤害个体自由的一面，往往还没有被充分的认识，这是值得警惕和关注的。一种貌似激进的观点如果不慎，网络社会带给人类社会的有可能不是更为自由的未来，而是失去个体自由的未来。

（一）网络社会消除了个体自由存在的自然基础——人的独立存在

作为个体的独立存在是一切个体自由的自然基础。如果没有个体的独立存在，就谈不上个体的自由。尽管在学术探讨中，对什么是人的独立存在一直都有所争议，然而，一个基本的趋势却是明显的，即当个体在与其他个体存在密切的互动和更为依赖的关系时，尽管群体的独立生存能力可能更强，然而由于对其他个体依赖性的增强，个体的独立性却是下降的。并且随着社会整合和分工的力度越大，这种独立性的下降越明显。一个不争的事实是，人类的发展历程，同时也是一个不断加强社会内部联系和整合从而减弱个体独立性和完整性的过程。在农业时代自给自足的经济下，虽然整体的生产力不高，然而处于其中的单个个体却具有较强的自我生存能力；在工业时代下，分工的充分发展，使得作为人类的单个个体被牢固地束缚在了整个市场分工链中，个体仅是这一链条中极为有限的一个环节。而到了网络社会，单个个体被更为彻底地融入到整个网络社会中，无论是从思想的吸收还是物质产品的获取，以及未来的劳动的提供，都被融入到了网络之中。这就使作为人类的单个个体最终成为了整个网络的一个自主节点而已。这就消除了人类自由的自然基础，即个体的独立性。

（二）网络社会消除了个体自由存在的核心——个体的隐私

隐私是个体自由的核心，在维护个体自由的诸多权利中，隐私权处于核心位置①。当网络社会消除了个体作为独立存在的自然基础后，另一个更为重要的影响是网络设备的广泛性，网络行为的可追溯性、可关联性和可分析性。一

① 马特：《无隐私即无自由——现代情景下的个人隐私保护》，《法学杂志》，2007年第5期。

方面，个体的思想和行为被直接记录和暴露在网络中；另一方面，通过个体行为之间的关联可以进一步推出个体隐含的精神状态与思想意识。这就直接摧毁了个体的隐私。如果将网络时代与之前的时代相比，在农业时代，由于个体活动的自给自足性和技术能力的薄弱，任何个体都很容易在他人面前隐匿自身的行为和思想意识；在工业时代，尽管个体行为被束缚到大工业链条，然而思想活动和价值取向依然是可以隐匿的。而在网络时代，作为社会个体的任何行为和思想状态都被暴露在其他人面前（唯一所区分的只是自我是否知情）。即便是个体在网络上没有明显的主动的暴露自己的行为和思想，也将会被其他个体、设备或者分析工具有效地识别出来并暴露在网络上。因此，在传统时代，是可以做到保证对其他个体的行为、思想、意识的隐私的，至少能做到别人不知道我在想什么；而在网络时代，对于我在想什么这一问题，也很难做到不被暴露在公众面前。

（三）网络社会消除了个体自由存在的关键——个人意志的独立自主

除了以上两个方面，网络社会对个体自由更为深刻的影响是直接影响了个体的思想与意志的独立。尽管在网络时代，隐私和个体独立生存的基础都被严重的削弱，然而这种过程是社会整体发展的自然延续。而对个人意志的独立自主的影响却是网络社会所直接带来的。归根结底，网络社会是以计算机网络为载体的由网络主体共同的思想意识所形成的空间。网络中的互动行为均是思想意识直接作用的结果。并且由于网络社会的广泛连接性，任何个体的思想无时无刻不在与其他个体的思想进行交流和碰撞，从而直接影响了个体意志的自我独立程度。这种影响存在两种情况，一种是显性的影响，即当个体自我意识在与其他主体意识互动后，由于网络社会的广泛连接性，任何主体都将遇到广泛的与自己不一致的观点和想法，因此很大程度上会在剧烈的碰撞中自我否定和改变自我主体的独立性；另一种是隐性的影响，即虽然不是明显的改变，然而通过在大量的互动中，隐性的接受社会的主流观点并以为是自己的独立思想产物，这种改变是更为广泛和明显的。

（四）网络社会加剧了现实社会中权利和力量对比的不平等

以上几个方面，都是在网络社会发展所自然而然带来的对减少个体自由的因素，然而在实际的网络社会也好，真实社会也好，自由的获取一方面取决于社会本身的属性，另一方面也取决于实际社会运行中所产生的社会中个体之间的关系。这种关系核心表述为权力和力量对比的平等。这种权力与力量对比的不平等体现在各种社会组织形态中，无论是农业社会、工业社会还是网络社会，在任何社会中，拥有权力和力量更大的一方就拥有更大的自由并且直接侵害着相对弱势方的自由。一种乐观的观点认为，网络社会必然会带来权力从少数精英向大众的转移，形成权力与力量的相对均势，从而带给个体更大的自由。然而，这种观点忽视了网络社会的形成在促进权力的分散时，由于网络社会的自身特点，也更加容易形成力量的重新积聚，从而扩大优势方的权力和控制力，产生新的不平等，并最终损害整个网络社会的大多数个体的自由。这种不平等体现在以下几个方面。

第一，网络社会扩大了技术力量的不平等。一种观点认为，互联网中，少数个体可以拥有更大的技术优势，从而改变传统社会个体与大的集团在力量上的不平衡。然而，这种情况仅是出现在互联网发展初期，随着互联网技术的更进一步发展和技术规模，如动辄以亿计的代码和上万的人月工作量[①]，以及网络检索监控攻击等需要的大规模运算能力，这些都远不是单个个体可以凭借个人的天分就可以弥补的。因此，整体而言，真正拥有技术优势的依然是强有力的大规模利益集团。并且网络社会越发展，这种利益集团所累积的技术优势则更为明显。

第二，网络社会也扩大了舆论力量的不平等。通常认为，网络社会中的个体由于在言论发表领域不需要经过传统媒介的审批和时间成本等，增加了公民的表达权，从而促进了舆论的多元化。然而，由于网络社会对个人意志独立性的影响以及大众传播的渠道更为通畅，拥有优势一方的利益团体，可以通过动

① 人月是衡量技术研究工作的规模的单位，表示一个标准开发人员工作一个月的工作量。

员形成对网络的各个方面的舆论覆盖。并且可以使用现实社会的力量来巩固这种覆盖。由于网络社会中个体与网络的高度依附性，强势团体的舆论覆盖将更容易到达整个网络社会和实现其舆论效果。

第三，网络社会也产生了加速了权利（力）的不平等。网络时代，由于技术力量积聚和舆论力量的不平等，从而加剧了权利（力）上的不平等，并且由于这种不平等，以及强势团体利用技术手段对弱势的一方进行监视、分析以及其他各种惩罚和威胁措施等，由于相对弱势的普通个体缺乏对强势团体的监控和反制手段，因此，弱势的普通个体的基本权利包括隐私权、言论自由权、财产权等将会受到更大的威胁。

由上可见，网络社会对个体自由的侵害将成为一种可以预见的风险。这种风险将进一步的威胁到个体思想和行为独立，从社会进步的角度，缺乏个体的独立，特别是思想独立将直接影响到整个社会的思想繁荣和创新机制。因此，尽管网络社会能够通过社会整合来加强社会的群体自由，然而一旦个体自由丧失的社会，也必将带来群体发展和创新能力的下降，最终伤害到群体自由。所以必须在网络社会发展的初期，就对网络社会侵害人类自由的一面给予预防和限制。

三、通过制度措施在网络社会中保障人类自由

无论是什么样的社会，东方还是西方，都不否认自由对个体和社会的重要意义。所区别的是对自由的理解和对实现自由的方式的不同。正如马克思所言，人类发展最终的目的是“实现人类解放和全面发展”，并最终从“必然王国进入到自由王国”。对于网络社会的发展而言，一旦认识到了网络社会有可能通过侵害个体自由从而侵蚀整个人类社会群体自由的风险时，就必须要通过制度构建来确保这种风险降到最低，具体而言，就是要完善保障自由的网络社会基本运行规则。这可以体现为以下三个方面。

一是通过立法，严格保障网络社会中各个主体的基本权利界限。权利是自由的边界，无权利则无自由。只有通过法律体系，严格界定网络各参与主体的

权利时，才能有效地保障在权利边界内的个体自由。这种权利规范，既包括个体之间的权利关系，也包括网络中私权与公权的权力边界。

二是严格保障普通公民的隐私权。如前所述，隐私是自由的核心和基础，失去隐私的个体也谈不上有什么自由。必须要通过立法，严格限制和保护公民在网络上的个体隐私，以及限制利益团体通过技术手段对公民隐私的窃取和谋利；对于提供基本公共服务的政府而言，对于公民隐私的数据收集和调查也必须通过合法的法律授权和程序才能进行，特别是要警惕以安全为名，不分良莠和未经立法机关授权即对公民进行大规模监视计划（例如美国以及其他国家对所属公民开展的大规模监控计划），这将直接损害自由的基础。

三是在个体权利保障的基础上形成网络技术与政治力量的平衡。在现代社会中，社会存在和稳固的基础在于力量的平衡，由于网络社会具有天生的加剧力量对比不平衡的特点，因此要特别注意在发展中保障网络社会各方面力量的平衡。这种力量平衡体现在一方对另一方不存在绝对的技术优势和权力优势。具体而言，尽管作为单个个体的公民在网络社会上将成为技术和力量劣势的一方，一旦某些集团试图通过侵害公民权利的方式谋利，则公民能够通过合法的程序实现力量的聚合，从而对侵害行为进行反制。对于政府而言，政府要特别强调保证网络社会中的技术和力量平衡，要为技术和力量的劣势方提供法律的救济和技术的援助。同时，对于政府的网络行为，公民也有合法的渠道进行了解，对于某些政府违法的行为通过法律渠道进行纠正。因此，整个网络社会要形成“公民—群体—政府”之间的多元力量平衡。

以上几个方面，是保障网络时代人类自由的核心基础，在此基础上，其他的努力还包括通过广泛的教育普及消除网络主体之间的技术鸿沟；保证网络社会信息的多向充分流动，等等。然而权利是自由的边界，对自由的保护其关键在于权利的确立和围绕权利所形成的互相制约和平衡。因此，必须要尽快在网络社会形成初期建立起以上的运行规则。

小　结

总而言之，网络社会的发展，在便利人类，加速人类发展的同时，也反过来限制了人类本身的自由。能否在网络社会发展初期，就对网络社会侵害人类自由的风险给予关注和控制，从而在未来的发展中，更为积极地利用网络社会所带来的优势，这是网络社会能否真正造福于人类的关键。在人类的历史上，任何技术的发展，都将产生积极与消极的不同影响，作为人类发展终极目标的自由，从来都不是自然而然就可以得到的，也并不意味着技术的发展一定会通向更大的自由。而网络社会，由于其自身的强连接性和具有众多新特点的人类新的社会存在和组织方式，在超越了物理空间时间的制约后，也更加直接地作用于人类的精神和意识。因此，网络社会在发展初期，一旦没有做好规划，其对人类自由的伤害将如同它所带来的便利和进步一样，将是巨大和深远的。因此，网络社会究竟会帮助人类获取更大的自由，还是陷入新形态的奴役之中，将取决于人类自我本身的努力和制度建设。本章正是抛砖引玉，希望能够引发在这一领域的更多思考和更完善的制度建设。

第八章 网络社会时代的政府转型

网络社会在形成新的社会结构和社会行为时，也必然产生对社会最大治理主体—政府的改变。传统社会是典型的等级科层制结构，政府作为核心的信息拥有方、资源分配方、公共服务提供方，始终处于社会结构的最高端和中心，并支撑着整个社会结构的稳固有效运行。而在网络时代，通过网络，整个人类社会中的个体与个体之间能够以极低的成本建立直接即时迅捷的连接，实现信息和资源交换，从而使整个社会运作不再以单一的核心信息中心和资源分配中心为必要，这就削弱了传统政府作为核心信息中心和资源分配方角色的必要性和重要性。传统政府因此必然面临着严重的生存与转型问题。本章将分别从职能与组织结构角度出发分析网络时代政府的结构转型，认为，从职能上，在网络社会中，传统政府必须要实现将核心职能从社会的中心居间者转为外围基本公共服务提供者的转变，也就是将职能从重在社会内部结构支撑转为巩固社会结构外壳和保障个体生存权利，从而更好适应网络社会时代下公民对政府提供公共服务的不断增长的新需求。从结构上，政府要打破刚性的科层体系，构建开放动态柔性的结构体系。

一、传统社会的组织结构与运行逻辑

（一）传统社会的组织结构

传统社会的组织可以从横向与纵向两个层面来进行剖析，从横向来看，传统社会是典型的中心型社会；从纵向来看传统社会是典型的科层等级社会。并且这两者互相加强，一体两面。

1. 传统社会横向结构——中心型结构

所谓中心型，就是指传统社会中，始终存在一个统一的社会中心，这一统一的社会中心起到了收集信息、分配资源、管理社会运作等职能。而在一个国家范围内，只有一个中心来控制整个国家社会的运作。并且通过法律等手段来强化这一中心的法定权力。在传统社会中，这一中心就是政府。

2. 传统社会纵向结构——科层型结构

相对于横向的中心型结构，传统社会在纵向形成了科层结构，随着距离权力中心的远近，形成了从高到低的稳定的社会阶层结构，而在每一阶层中，其阶层内群体能够保持较长时间的稳定，并通过构建垂直的阶层交流通道，形成不同层次主体的有序流动。并通过这种流动，进一步巩固了社会垂直科层结构的稳定性。

3. 中心型与科层型互为表里、互为加强

从纵向与横向的结构而言，传统社会横向中心型与纵向科层型结构是互为加强互为表里的关系：在传统社会形成的初期，在社会中的某一个点，由于种种原因，如身体发育导致力量优势、资源禀赋导致经济优势、偶发性的技术创新导致技术优势等，社会中的某一点以及附近的区域（个体、家族、种族、地理区域）形成了对其他节点、区域的优势，并通过对其他社会部分整合的过程中，形成了社会中心。当社会中心形成后，社会资源就源源不断地向这一社会中心集中，从而使越靠近社会中心（其核心就是权力）的个体在分配资源上拥有更大的权限，从而强化了原本的社会中心，并进而根据距离权力中心远近形成了垂直的科层结构。而反过来，科层结构也进一步通过固定的显化的等级结构强化了社会中心在支配社会资源的核心位置。因此，通过这种逻辑，传统社会横向中心型与纵向科层型形成了互相加强、互为表里的结构。

（二）传统社会运行的逻辑——信息交换有限下的自然演化结果

以上只是描述了传统社会在横向与纵向的结构。那么一个问题随之产生，传统社会无论东方西方，为什么会都形成这样类似的社会结构？这就需要探索传统社会运行的逻辑。而细致研究发现，传统社会形成这种中心型与科层型社会，是在社会信息交换能力低下导致信息不足以降低社会管理复杂度的必然演化结果。这也就是传统社会结构形成的基本逻辑。

从横向结构来看，传统社会中信息交换较为困难，很难形成社会中个体与其他个体的直接交换，而由此，信息交换的不足也意味着资源分配无法在全社会更有效的配置。因此，一个较好的方式，是形成社会稳定的信息中心与资源交换中心，这一中心通过其延展在整个社会的信息通路，从而形成整个社会的信息交换渠道，所有个体都直接间接地与这一中心发生信息交换，并进而同其他个体发生信息交换。通过这种形式，最终促成整个社会的信息交换和资源分配。图 8－1 描述了这种职能，由于个体与个体之间在传统社会信息通路有限的情况下，不得不通过集中式的信息交换与资源分配方式，最终实现个体之间的信息与资源交换。

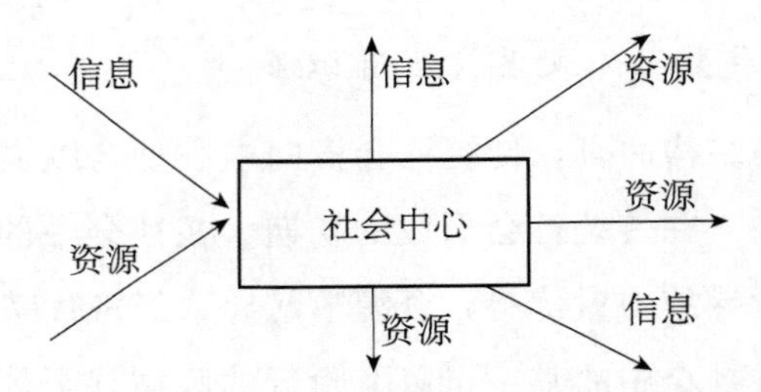

图 8－1　传统社会中心的信息交换与资源分配职能

从纵向结构来看，传统社会形成的纵向科层结构，也是受制于信息交换不畅形成的降低管理复杂度的自然演化结果。对于任何一个形态较为复杂的社会而言，其需要解决两个方面的问题，一是社会的有效组织，即通过有效的组织形式，来调配社会的组织资源，从而完成社会“生产—分配—消费”等活动；二是有效地解决个体的公共服务需求问题，通过某种特殊的资源分配形式，从而形成有效的公共服务需求个体满足，促使社会自身的发展并获得社会个体对这一社会结构基本的支持。而在传统社会中，由于社会信息交换渠道有限，且信息处理能力狭窄，因此，社会中不可能每个个体都与社会中心形成信息交换，直接接受社会中心的指令，社会中心也无法直接了解到每个个体的需求，从而分配公共产品。因此，为了解决这一矛盾，最有效的方式是根据某种社会规则，形成特定的社会等级，而在每一等级内，其大体上社会个体的需求与能力是相同的，因此在管理上，只需要针对这一等级发号管理命令即可。同样，每一等级内的公共服务需求也大体一样，只需要按照等级供给就可以了。因此，通过等级化的方式，最终将原本千千万万不同的个体管理和公共服务供给，降低为十几或者几十种不同等级的管理与公共服务供给问题。而这样就极大减少了管理和公共服务供给方面的复杂度，而从信息传递与处理而言，社会权力中心不再需要面对每个个体，只需要处理层级之间传递的信息即可，这就解决了传统社会下，信息传递渠道有限与处理能力较低的问题（参见图 8－2）。

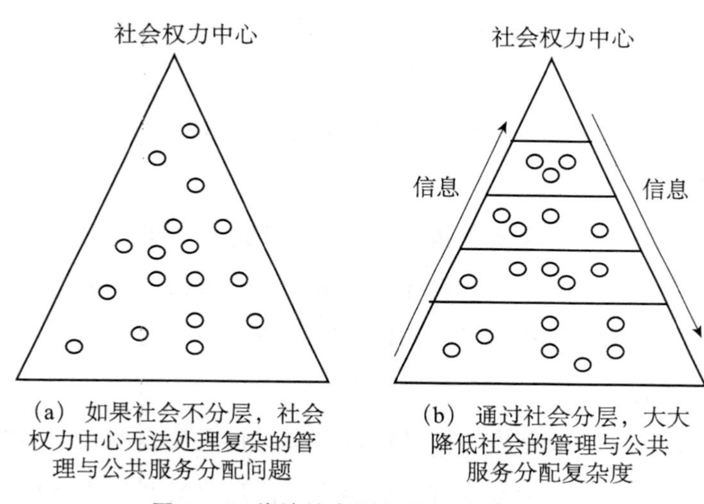

(a) 如果社会不分层，社会权力中心无法处理复杂的管理与公共服务分配问题

(b) 通过社会分层，大大降低社会的管理与公共服务分配复杂度

图 8－2　传统社会纵向分层结构的逻辑

因此，无论是从纵向还是横向结构而言，传统社会结构的形成，本质上都是由于信息交换不畅以及信息处理能力低下所形成的自然演化结果。而当信息交换渠道与信息处理问题解决后，支撑原先社会结构的客观基石就会自然消除，社会结构也会发生相应的变化。这就形成了网络社会新的社会结构与运行逻辑。

（三）传统社会的运作模式——信息交换和统治复杂度的降低

无论什么时代，任何社会的运行都要满足两个层面的基本需求，一是信息和生存资料的有效交换以实现社会生产与其他社会活动的有效性；二是为了保障社会的基本生产生活的有效运作建立相应的管理架构和制度基础。

传统时代的一个核心特征是信息的稀缺性和交换的技术成本制约形成的信息沟通障碍。为了解决这种沟通障碍，传统时代是通过三个手段来实现落后技术条件下的信息有效沟通的：一是专业化的渠道：即通过分工来实现有效的信息传递；二是通过市场化的手段来自发指导整个社会的各个生产者；三是建立强制的信息收集和信用制度。

通过分工来实现有效的信息传递，主要在经济活动方面体现在为了解决生产者与消费者之间的信息沟通不畅，通过建立专业的垂直产业分工渠道来实现信息的有效交易，例如，在经济领域，形成专业的“生产者—营销者—运输者—零售业者”的分工，而在每个专业分工的层面，各自掌握充分的信息并在产业链内部形成相比之整个社会中的更快的信息交换，在社会领域也形成类似的分层组织的架构。

通过市场化的手段，主要是指尽管整个生产过程中的信息需求复杂，参与人数众多，然而通过市场行为，在充分竞争中形成价格，来引导众多的经济活动者协调一致的行为。这也就是《国富论》中所谓的，人人逐利从而形成庞大的社会生产的过程。

通过强制的收集信息制度主要是针对于市场失灵而言的，市场并不能充分实现信息透明。因此，需要建立强制的第三方信息收集和信用制度。当生产者有盲目的生产行为或者欺诈性的行为时，政府给予干预以避免整个的社会福利损失。

以上主要是传统社会的经济运行模式，在其他社会行为中也是如此，传统时代的任何社会行为都由于技术条件的制约从而限制了信息的充分交换，因此在社会行为中也形成了社会分工、社会竞争和强制的信息收集与交换制度。例如，在政治活动中，就形成专业化的官僚体系和政治从事者如代议制下的议员等，通过专业化的分工来使整个社会的信息实现有效的交换和决策的正确；通过形成竞争性的制度，来保障专业社会从业人员的最优化；并且通过建立统一的政府来实现各种信息制度的有效汇集和服务与决策。

可以看出，传统社会中运行的核心是解决在落后技术水平下庞大社会中的信息交易问题，以此形成的各类手段，在各个传统时代都具有大体相同的特质。

信息的稀缺性和信息交换的困难还导致了传统社会的另一个核心特征，即作为任何公共服务提供者都无法有效的了解和汇集所有的有效信息，并且由于社会规模的增长，必须要解决社会复杂度的问题。

为了解决这种社会复杂度问题，传统社会通过建立典型的社会分层制度通过人为的划分社会层次（例如以权力和财富多少），层次之间只有允许有限的连接渠道。通过这种划分和分而治之的手段，可以有效地降低社会和管理的复杂度。

当这种分层结构形成后，处于金子塔尖的核心精英就形成了一个稳定的统治中心，一切的社会行为都以这一中心的直接或者间接的指导下来运行。因此，传统社会是一个典型的中心型社会，而政府就位于整个社会的中心。这一中心型社会有两个合理性基础；即通过中心型和分层结构，既保障信息的有效沟通，也降低了信息交换落后水平下的社会复杂度。

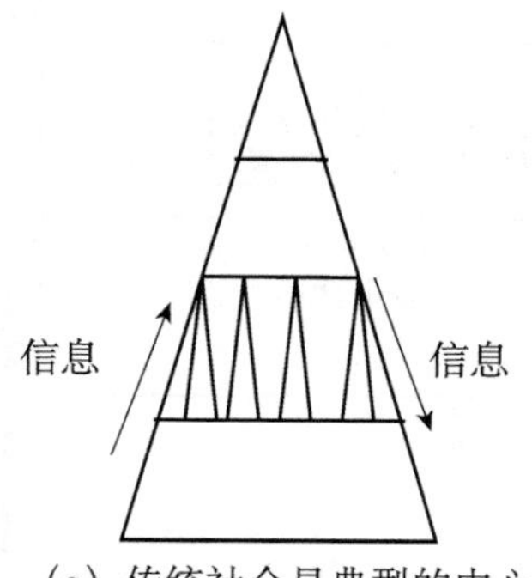

（a）传统社会是典型的中心科层型社会，通过分层叠加来降低社会复杂度并保障信息的有效流动

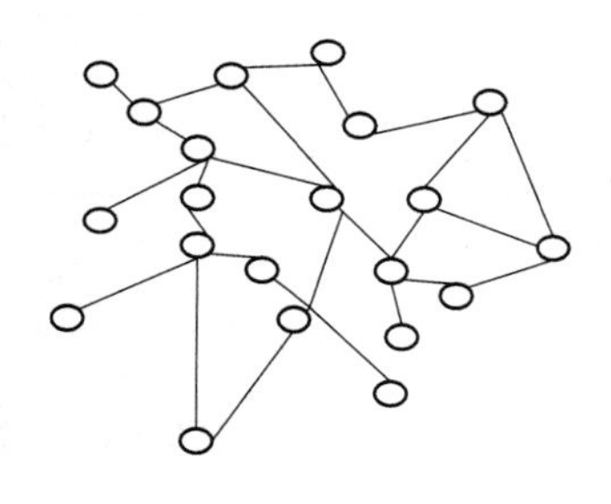

（b）网络社会通过个体的直接连接来解决信息的交换问题，通过透明的直接连接和巨大规模数据处理能力来解决社会复杂性问题

图 8-3　传统社会与网络社会解决复杂性问题的思路

二、传统时代政府的存在价值和运作逻辑——中心型社会的社会运作中心

正是基于以上原因，传统社会必须要解决信息交换能力低下所引发的信息交换问题和相应的统治复杂性问题。因此，传统时代的政府在其存在价值上必然要有助于解决这些问题，这构成了政府合法性的效用基础。

因此传统时代的政府，就其职能而言，归根结底，要实现三个层面的有效职能。第一，就微观层面而言，政府要确保社会个体的基本生存基础和权利基础；第二，在宏观层面，政府要确保整个统治的范围不受其他暴力集团的侵害和损伤，确保社会外壳的整体性和完整性；第三，在社会内部，确保社会内部的有效运行，包括政治、经济、社会、文化等各种类型活动的有效进行，其核心基础是实现社会各类型信息的有效交换，而在信息交换中，政府起到了核心的作用。而为了解决低技术水平下的信息有效性，政府通过各种职能来实现这一点。总而言之，政府是人类创造的最大的公共组织，是传统社会中唯一遍布社会各个层面的信息收集和交换者，是传统中心型社会的中心，以下具体进行分析。

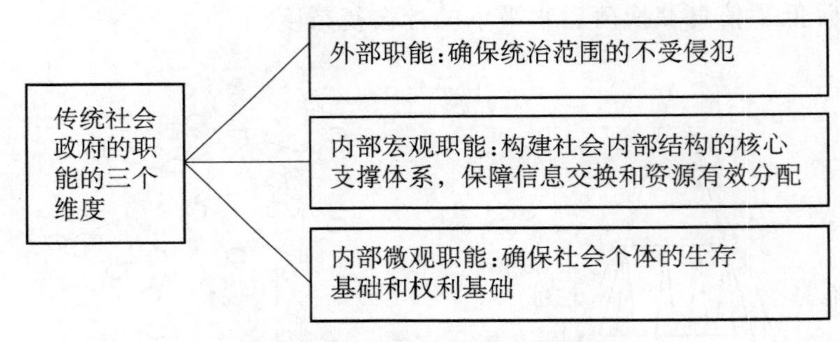

图 8-4　传统政府的职能维度

（一）作为信息传递渠道保障者的政府

在传统时代，受制于技术低下导致的信息交易复杂性，主要的社会交易行为都需要通过中介者才能实现社会行为的有效运作，而在这一切的中介者背后，保障整个链条有效性的是作为核心制度提供方的政府。

在整个围绕信息交易的各类社会活动中，政府起到两个作用：一是通过制度体系，构建各种社会活动的合法形式和渠道；二是提供有效的信息交换渠道并保障这种渠道的有效性。

以典型的生产者到消费者的完整传统产业链模式来说，由于生产者与数量众多的市场消费者无法建立有效的信息交流，因此，整个市场信息是通过逐级的分销商来传递的。一方面，分销商将消费者的需求和期望购买价格传递给上游；另一方面，将产品和包括合理利润的销售价格传递给下游，并通过交易形成生产到消费的全过程的完成。通过这一模式，有效地降低了生产者直接到市场去寻找消费者的成本。因此，传统时代的规模经济模式几乎无一例外以此为主要模式，因为生产者无法承担直接去市场一一匹配消费者的成本。

在这一过程中，政府起到了两个作用，一是政府确立维护一个基本的市场规则和竞争秩序，因为垄断行为会直接产生对需求和成本的扭曲和消费者信息的传递，例如垄断者会扭曲成本信息从而抬高价格，并通过阻碍其他生产者进入来压制有效需求信息的向外传播。二是政府通过对各级分销商的资质的审核和有效监管，从而确保各级分销商不会滥用自身的信息优势地位从而扭曲整个产业链。因此，在整个产业链中，作为主体的是生产者、消费者和各级分销商，而隐藏式在产业链的维护背后的核心是政府的有效监管。并且政府通过有效监管通过发放资质的手段来为整个渠道的各个层次的信用背书，从而进一步降低各个交易环节的成本。也正是通过这种手段，实际上政府直接和间接掌握了社会中的大部分资源并保障资源的有序交易。

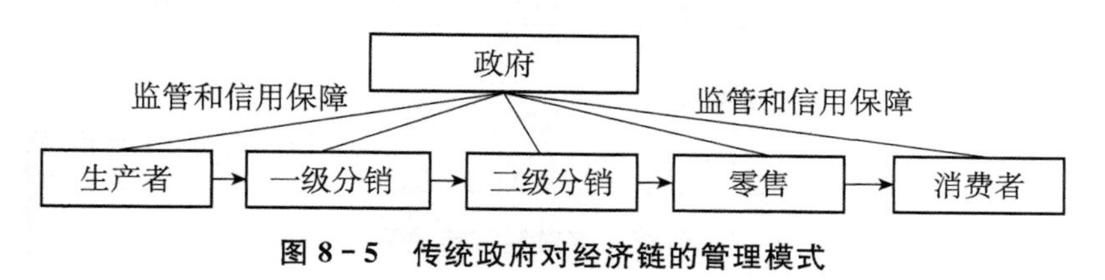

图 8-5 传统政府对经济链的管理模式

以上只是以典型的产业链作为一个很小的事例，实际上，在传统社会中的各个层面，都因为以信息交换为核心要素的各类活动必须以分层专业化的形式运行和组织，因此，确保各类社会活动链有效运作的背后核心依然是政府。

（二）作为核心信息居间者和资源分配者的社会运作控制中心的传统政府

除了以上最基本的社会信息链有效运作的维护，政府实质上还作为了社会最核心的信息收集与居间者和资源分配者参与社会的直接运作，并以此形成了社会运作的核心控制中心。

传统政府中，政府不仅仅要整个社会活动链的有效运行，大量的职能还体现在对社会活动的直接干预上。这种直接干预在传统时代，依然有其效率上的合理性与现实必然性。这是建立在所谓的市场失灵理论基础上的。

在自由主义时代，人们曾经相信通过充分的市场竞争可以实现生产者与消费者的完全匹配，从而实现效率最优化，然而屡次的严重性的经济危机证明了这种理想的破灭。究其原因是在传统的市场，尽管市场竞争能够实现生产与消费需求的有效匹配，然而这种匹配是建立在信息不完全基础上的静态局部最优。也就是说，传统时代，通过价格的指引，依然没有充分反映整个市场的有效信息，特别是无法及时反映时间变动后供需改变后的平衡。而市场失灵的结果，就自然地产生了政府干预的需求。实际上，通过政府的干预，政府直接间接地控制了绝大多数资源，并引导社会生产，在其他领域，也是如此。

传统时代的市场失灵依然可以用典型的生产者到消费者的分层产业链模型来解释（见图 8－6）。

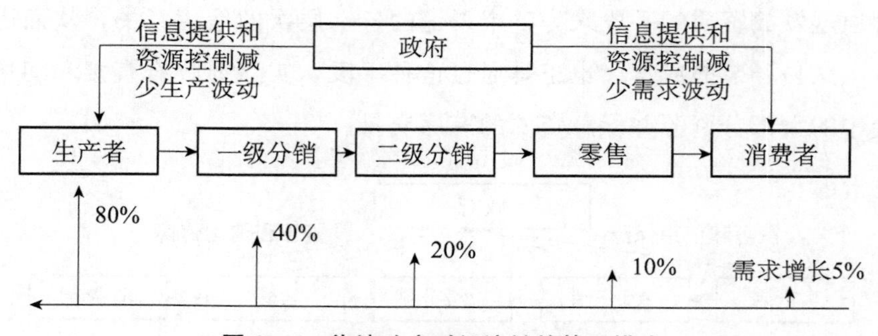

图 8－6 传统政府对经济链的管理模式

在传统的产业链条中，由于生产者与消费者无法直接沟通，需要用分层的中介者和相应渠道来传递信息，这就产生由于中介渠道而形成的信息失真现象：

假设由于经济形势的好转，整体收入的提升，在最终消费者领域对某一产品形成了 5％的需求增长，对于直接面对消费者的零售者，由于为了更好地满足未来的需求增长获取更大的利润，他会向上一级供应方提出高于实际需求增长的订货信息，假设为一倍，也就是在零售商这一级需求增长了一倍成为 10％。到了上一级分销商，又会因为更好地满足未来的增长而增加订货，如此反复，可以发现，每增加一级交易层级，信息都会被扭曲放大一倍。假设这一渠道有四个层级，那么到了生产者那里，对产品的需求信息被增长到 80％。尽管生产者可能会进行调节，但由于信息的严重不对称，实际生产的产品依然会远远大于5%的增长[①]。而最终，当所有生产的产品都被推向市场时，会发现生产出的产品远远大于实际的需求。以上是需求增长时的现象，而反过来，当最终端的消费需求减少时，由于厂商也会得到订单大量减少的错误信息从而减少生产，并最终产生引发市场的波动。当市场波动到一定严重程度时，市场无法自发调节这种差异，就会引发严重的经济危机。

以上的模型，就是传统社会经济危机发生的典型模式，为了解决这种来自于信息扭曲的“生产—消费”不对称，传统政府作为社会中唯一的全向信息收集方，在厂商得到错误扭曲的生产增长信息后，通过强制干预和资源控制来调解厂商的过量生产；当厂商得到错误的需求缩小信息时，又通过各种激励政策刺激厂商生产。

政府不但直接管制厂商的行为，为了平滑经济的波动，政府也在直接影响和干预消费者的消费行为，例如当消费需求相对不足时，通过增加贷款等增加消费者的购买行为，而当消费过量时，又通过其他手段来抑制消费。无论是针对于消费者，还是生产者，都被统称为宏观调控。

可以说，在支撑社会内部运行的各种职能中，经济职能是传统政府的核心职能，而这一职能的最典型表现，就是为了应对市场失灵形成的宏观调控。

因此，传统社会政府作为核心资源者的基础是来自自身具备的核心信息拥有者的位置，而这一位置的存在价值就在于传统市场无法通过分级行为实现信息的有效充分交换，而必须通过强制性的政府行为来实现这种信息充分交换和资源的有效分配。

以上是被认为是最具有自由主义特征市场发挥最好作用的经济领域，在传统社会的其他领域，政府更是扮演了核心的资源分配者和提供者的角色，例如社会福利、公共服务等。政府作为唯一的遍布整个社会的信息搜集者，只有政府才能够了解哪里能够提供公共服务资源，哪里需要公共服务。尽管传统社会中，市场和社会组织的发展，能够实现一部分公共服务的需求，然而正如之前

---

① 在供应链管理中，这种由于产业链内部层级的存在从而使一个微小的终端需求扰动在产业链中逐级放大成为严重的生产波动现象称之为牛鞭现象，由于对说明本文的主旨有重要意义，因此略在此作说明。

产业链分析的那样，政府是唯一的信息提供者、监管者和信用保障者。所以，处于社会控制的中心。

（三）作为传统社会中心连接者的政府

可以进一步将以上的分析进行归纳，无论是在信息交换还是资源分配，无论是在经济领域还是社会领域，可以发现，任何时代人类社会的都需要存在一个连接体系将社会的各部分有效连接起来，实现信息和资源的有效交换，而传统时代，政府是整个社会的唯一有效的中心连接者。将社会的各个部分各个领域各个阶层形成稳固的连接。尽管依然存在其他的连接如社会系统、市场系统等，然而能够遍布整个社会形成稳固有效连接的，依然是政府。因此，在传统社会，社会需要构建整个社会的中心连接体系，而政府就是传统社会唯一的中心连接者。也正因为此，传统社会才形成了中心型社会的稳固结构，而政府就是中心型社会的中心。

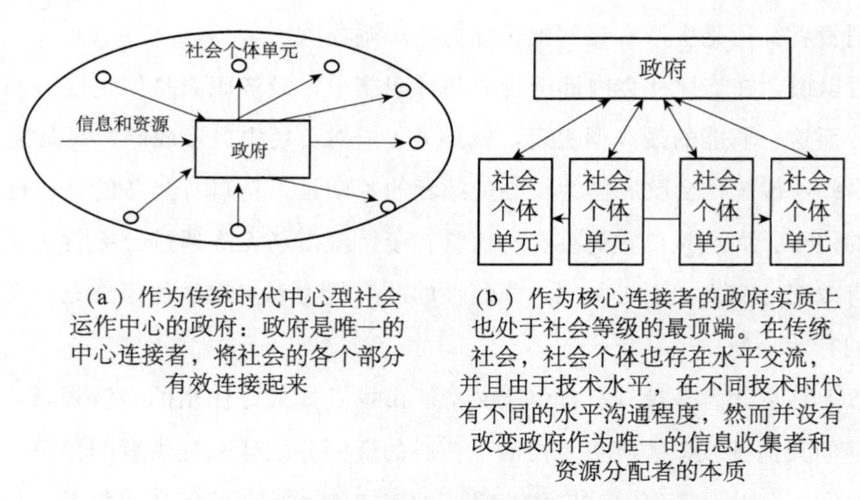

（a）作为传统时代中心型社会运作中心的政府：政府是唯一的中心连接者，将社会的各个部分有效连接起来

（b）作为核心连接者的政府实质上也处于社会等级的最顶端。在传统社会，社会个体也存在水平交流，并且由于技术水平，在不同技术时代有不同的水平沟通程度，然而并没有改变政府作为唯一的信息收集者和资源分配者的本质

图 8－7　作为社会中心连接者的传统时代政府

三、传统时代政府执政转型的逻辑与策略

在传统时代，随着社会的不断演化，伴随着经济社会发展的大背景和诸多

环境的变化，特别是市场经济的进一步发展，后工业或者服务时代的到来，公民权利意识的觉醒和网络公共空间的出现等，都对整个政府的职能和执政能力有了更高的要求。原有的传统的统治模式已经不再适应于新的时代和社会的要求，亟待进行改变和转型。具体而言，这种改变和转型体现在以下六个相互紧密联系的方面：一是从统治到治理的转变；二是从管制到服务的转变；三是从非透明向透明的转变；四是从全能政府到有限政府的转变；五是从低效向高效的转变；六是从单一向多元方式的转变。

（一）从统治到治理的转变

从20世纪90年代起，治理理论的兴起是公共管理、政治学、社会学等领域的最为重要的理念和实践的发展。统治主要是指的是由单一的政府通过严格的管制等方式来实现社会的组成和形成秩序。而治理，主要是指是由政府、社会、市场以及社会中最微观的公民共同通过密切的互动和协同来实现社会的有效组织和公共秩序的形成。治理具有三个方面的明显的特点。一是非中心性：在治理理念下，政府不再是公共秩序的唯一提供方，而仅仅是参与公共秩序提供的众多角色中的一员，政府不再处于唯一的中心地位；二是多元性：社会秩序是由包括政府、社会、市场的以及微观的公民等多种类型的主体共同参与形成的，缺乏任何一种主体的参与，都无法实现社会的有序治理；三是协同性：协同性是指在形成社会秩序的过程中，各方参与主体的关系是平等的，各方主体都是在法律的框架下通过平等的互动以实现公共秩序的建构。

对于政府而言，从统治到治理的最大转变体现在四个方面：第一是观念的改变，主要体现的政府要转变观念，认识到社会的公共秩序是由多方共同形成的，而不是由政府单一提供的；第二是地位的转变，政府原先绝对权威的地位已经逐渐消失，而是与其他主体一道在法律框架下平等存在；第三是从职能的转变，这就要求政府由原先的无所不能的全能政府转为提供重要的关键的有限的公共产品的一方；第四是从能力上的加强，虽然政府不再提供所有的公共产品，然而由于社会的发展，公民需求的不断增多和权利意识的觉醒，也要求政府具有更强的能力以应对这种转变。

（二）从管制到服务的转变

在治理理念下，政府定位上的重要转变是从对社会的管制而转为面向社会提供公共服务，换而言之，就是政府要成为“服务型政府”。

服务型政府的理念是在进入21世纪后，中国政府建设的最为重要的理念之一。2007年，服务型政府理念首次写入党的代表大会报告，成为明确的政府建设理念。

服务型政府的根本转变体现在以下三方面：第一是观念和定位上，政府要认识到自己是为社会和公众提供服务的，而不是对社会和公众发布命令管制社会的；第二是从职能和效率角度，政府要真正具有向社会提供有效率的服务的能力；第三是从工作方式上，政府是服务的提供方，而社会和公众是服务的购买方，所以，政府就不能用原先简单、粗暴的方式来漠视公民的诉求。因为，作为服务方，其潜在的含义是，政府与公民是围绕公共服务的契约的双方，当政府服务使公民满意时，公民就会继续选择接受政府的服务；反之，公民也有权利和能力不再接受原有政府的服务。

服务政府的建设要求政府更加重视公民的诉求，满足公民不断增长的服务要求，政府建立更加高效、透明、廉洁、高效、责任、有回应的政府等。

（三）从非透明向透明的转变

从非透明向透明的转变既是与以上的服务政府相联系，也是与公民不断增长的权利意识和政府自身的合法性建设高度相关的。在传统社会中，公民有义务向政府纳税，然而政府并没有将自身情况告知公众的义务和责任，因为政府的权力并不是公众所赋予的。而在新的时代下，伴随着公民权利意识的觉醒和政府自身定位角色的转变。一方面，政府与公民双方都逐渐认识到政府的权力是由公民通过合法的程序授予的；另一方面，公民向政府缴税更多的是形成平等的契约关系，政府与公民是通过税收的形式来形成公共服务与被服务的交易关系。在这种新的定位和认识之下。政府就必须有义务和有责任向公民报告自身的状况。原因有两点。一是权力是公民授予的，公民有权利知道政府是如何组织权力和使用权力的；二是政府的经费是公民提供和委托的，公民就有权利知道政府是如何使用税收的。政府将自身的状况和运作向公民透明就成为一种必然。

建设透明政府不仅要求政府定期向公众公开自身的状况，同时也要求自身在以下四个方面不断完善：一是合法，政府的权力是来自公民通过法律的授权，因此在公民的监督下，政府的行为必须符合法律，而原先在没有清澈透明的情况下，很多不符合法律的行为有可能被隐藏；二是高效，在公民的监督下，政府行为就必须高效，低效的政府运作是无法满足公民的需求和预期；三是廉洁，在透明的情况下，政府对资金的使用都必须符合规范和有合法的用途，不能有违反或者私匿的行为；四是回应，政府必须对公民的诉求和质询进行有效的应答和回应，这一方面是完善公共服务的需求，另一方面也是透明的自然属性。

（四）从全能政府到有限政府的转变

所谓全能政府，顾名思义，就是政府包揽了社会所需要的全部公共服务并且对社会中的所有事物进行控制。从公共服务的角度，包括教育、医疗、公共交通、环境保护、医疗等全部都由政府单一一方来提供。从控制的角度，包括社会中的各种活动都需要政府进行审批。全能政府在计划经济时代是非常容易理解的。因为除了少数的个体劳动外，所有的经济单元都是受政府直接控制的，因此所有的公共服务都是由政府直接提供的。而在改革开放后，尽管相当大程度上市场已经相对于政府独立运行，但是依然有大量的公共服务是由单一的政府提供的，并且政府依然对大量的社会活动通过审批的手段进行管制。

公共服务由单一政府提供所产生的问题主要有两方面。一方面，政府由于缺乏有效的竞争者和监督，无法为公民需求提供高水平、廉价和有效率的公共服务，并且由于效率的低下，政府的负担也越来越重，以至于无法承担；另一方面，公民由于政府能力的限制，也无法获取到自身需求的多样的公共服务，因此也很难获得满意。此外，社会的发展，也必然对原先的单一公共服务的提供模式产生了冲击，使政府必须要从全能政府的角色中转换出来。

从管制的角度，政府严密控制社会中的所有活动，必然极大地降低社会的活性，增加社会中活动的成本。从而无论是从经济，还是从社会文化等，都抑制了社会的不断进步和发展。

与全能政府相对应的是有限政府，也就是说，政府只是向公众提供有限的关键的公共服务，其他的公共服务可以由社会或者市场来进行提供，并且政府只掌握某些关键事项的决定权，而更多的事务交由社会自身进行活动。一言以蔽之，就是政府只做政府应该且必须做的事，只管应该且必须管的事。

有限政府的建设也面临着一些诸多问题，如哪些是政府必须要提供而社会和市场无法提供的？哪些是政府可以提供，而社会和市场也可以参与竞争的？哪些是政府必须严格控制的而哪些是可以交给社会和市场自行调节的。这些问题都使政府必须要在公共管理和服务的实践中反复探索和发展。

（五）从低效向高效的转变

以上的各种转变，集中体现在政府本身的运作上，都要求政府效率的提高。经济的发展与社会的进步必然产生了比原先更多的公共服务的需求，因此要求政府能够有效地提供更多的公共服务。公民权利的提升和公民与政府的关系权威的管制关系变为平等的服务委托与提供的关系，这必然使政府能够按照公民的预期进行行动而不能产生明显的拖延和低效率。公民对政府享有天然的知情权和监督权，在公民的视线下工作的政府也必然要求提高效率。

低效向高效的转换只是最终的结果，而要实现这一点就必然要求政府在组织设置和工作流程的根本转变。组织设置是静态的结构，工作流程是动态的程序。从静态的组织社会角度，就要求组织设置能够以精练、高效、低成本为原则，尽量减少重复部门，归并相似部门，减少行政层级。从动态的工作流程角度，就必然要求实行流程再造，精简工作环节，清除重复和无效流程，使工作流程尽量地简单、高效、清晰。

（六）从单一向多元方式的转变

从统治到治理、从管制到服务的转变更多的是理念上的，而在实际的治理方式中的转变集中体现在政府面对社会的行为和服务从传统单一的方式向多方参与、多种渠道、多种形式、多种价值的多元方式转变。

一是多方参与，治理本身与统治最大的区别就是多方协同参与。传统的居于中心的公共产品提供方的政府变成了众多提供方中的一元。而政府、社会、市场以及公民都成为公共产品的共同提供方。

二是多种渠道，多方的参与主体必然意味着多种渠道。不同的渠道之间互相竞争互相补充互相协同，共同构成完善的公共产品的供给体系。

三是多种形式，由于渠道的多元化，提供公共产品的形式也是不同的。例如，通过市场渠道，主要的形式是以盈利性为目的的市场购买为主；而通过政府，尽管缴税享受公共产品本质上也是一种购买行为，但更多的是一种委托关系，即公民通过纳税委托政府提供公共服务。而对于社会组织提供的公共服务，更多的是一种基于伦理和非盈利性的公益形式。

四是多种价值。多主体，多渠道、多形式必然会导致多种价值的共同作用。在市场中，主要的价值标准是盈利性，双方通过互惠的交易行为来实现各自的需求满足；在社会渠道中，主要的价值标准更多的是伦理、文化等标准；而在政府提供的方式中，更多的是一种政府与公民形成的契约责任和政府自身的政治自律。

从单一方式向多元方式的转换，同样具有多方面的影响。一方面，多元方式极大地补充了原先由政府单一提供公共品的数量和效率低下等局限性，通过多元的方式有效改善了公共产品供给不足的形式，多种渠道形成了有效的竞争和补充关系，并且公民不仅仅成为公共产品单一的接受者，也成为公共产品提供的设计和参与者。另一方面，多种渠道也会造成部分的公共产品供给的混乱和无序的情况，例如政府将大量职能转交给市场和社会后，由于市场的逐利性等，使公共产品的质量严重下降，甚至损害了公民的基本权利。因此，在多元渠道出现后，政府相应的监管职能也需要进一步的加强。

尽管有以上的诸多转型，在传统社会中，政府的转型主要在行为方式的转型，而在其核心的职能和结构上，并没有根本性的改变。但是在网络社会时代，政府无论从职能还是结构上都发生了重大的转型，也就是本章余下部分将要分析的。

四、网络社会时代的社会运行机制与逻辑

分析完传统社会的运行机制与逻辑，进而分析网络社会的基本运行机制和逻辑。与传统社会相同，网络社会也需要解决社会的基本信息和资源交换以及降低社会复杂度的问题。与传统社会受制于技术约束，因此不得不需要演化出一个强有力的中心连接者的结构不同，网络社会从一开始，在解决信息交换和社会复杂度的问题时，就不依赖于中心连接者，而是通过构建社会个体之间的直接连接，通过信息在社会个体中的直接交换来解决信息交换问题；在解决社会复杂性问题上，网络社会由于个体之间的无成本连接和海量数据处理能力，不需要通过构建等级来强行降低社会复杂度。并且，通过进一步的连接，网络社会也自然而然地降低了社会复杂度。

（一）网络社会通过个体之间的直接连接来解决信息交换问题

如前所述，传统社会受制于信息交换的困境，因此不得不演化和构建出整个社会内部结构的有力支撑者和核心连接者的角色，这也就是政府存在的现实合理性基础。在网络社会，由于网络技术的发展，使得社会个体之间可以以几乎零成本建立即时无损的直接沟通，那么以往需要通过中介结构，通过在信息传输领域的分层分工来实现整个社会的交换这一模式就会被直接取代。在已经发生的现实中，这样的改变已经极为明显，电子商务平台的建立构建了消费者与生产者之间的直接信息渠道，取消了层级经销商体系；在社会领域，公民可以直接参与到公共事务中，对公共事务表达意见从而能够绕过中间代理层级；也可以直接提出公共服务需求，从而指导公共服务资源的供需平衡。而在这种

模式下，传统社会中的强制中心连接者的存在必要性也就被严重的削弱了。信息是资源分配的指引，在信息交换不需要中心连接者之后，整个社会资源的分配也不需要中心的连接者。因此，网络社会不仅仅是在静态结构上呈现出非中心性，在整个运行中，非中心性也是其根本的运行特征。

（二）网络社会通过海量信息批量处理和匹配来解决社会复杂度问题

在传统社会中，受制于技术和成本限制，由于无法处理每个个体的公共需求，因此，必须通过分层结构降低社会的复杂性和保障命令链的传输。因此，传统社会中，每个个体处于一个层级链中，而相同层级的个体拥有大体相似的公共服务需求。因此，通过分层，极大降低了传统社会的治理复杂性，这是信息交换能力和处理能力低下的无奈的演化结果。而网络社会，传统社会受制于信息传输匮乏和处理能力低下的制约都不再存在。每个个体的公共服务需求都能够通过即时的信息平台反映和汇集，并形成批量的公共服务需求，与公共资源拥有者形成直接的供需沟通，最终形成公共服务的匹配。所以，网络社会由于具有的海量的信息处理和匹配能力，并不需要强制的压缩社会的复杂程度从而简化和满足社会需求。

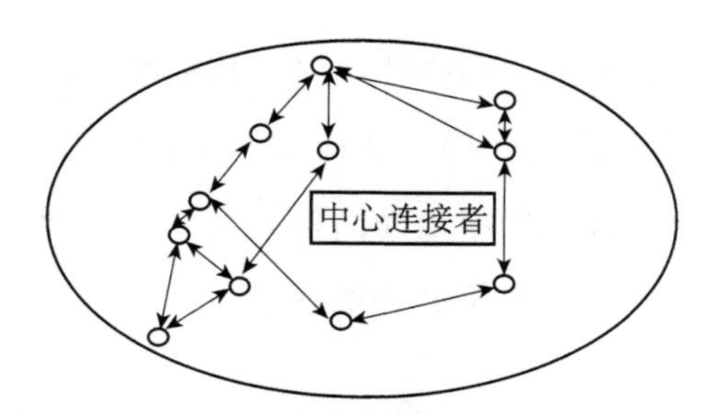

图 8-8　在网络结构中，不需要中心连接者作为全社会的信息交换中心，也不需要强制分层来简化社会的复杂度

（三）网络社会的进一步演化也降低了社会的复杂度

尽管网络社会不需要通过强制分层的手段来降低社会复杂度，但从另一个层面，当网络社会进一步演化时，也同时降低了社会复杂度。这种复杂度的降低，也是网络社会有效运行的内在逻辑。

这种复杂性的降低的历史过程可以用图 8－9 表示：在第一阶段，由于技术条件的限制，人类社会各个主体单元之间没有连接，仅过着自给自足的生活，这样的结构是最简单的社会结构；在第二阶段，在社会中的不同部分，逐渐形成了部分连接，开始了有组织的社会活动，在部分连接过程中，社会的复杂度大大增加，为了降低社会复杂度实现社会的整体可控，就演化出了作为中心连接者的政府和相应的分层体系；而在第三阶段，网络技术的发展，使人类社会可以充分地实现两两个体之间的连接，那么整个社会的复杂度又会重新降低，因为从任何一个位置来观察网络，网络的结构都是相同的（当然这只是一种极端的理想抽象），这就形成了社会结构的各向同向性。

当然，网络时代下由于社会全向连接引起的复杂度的降低与早期人类由于隔绝形成的低复杂度社会具有本质的不同。网络时代的复杂度降低主要是指静态结构上，成为均匀的网状结构，然而在网状结构的社会运动中，存在着大量的不确定性和自组织性。但是，从更高的层面，整个社会结构的复杂度依然因为网络的出现而降低了。换句话说，网络的出现，使社会重新变得“均匀”了。

通过以上的分析可以看出，网络社会由于其根本性地解决了社会个体与个体之间的信息交换和信息处理问题，从而绕过了传统社会中的种种的制度安排，仅仅通过所有社会个体之间稳定而简单的连接而重构了整个社会结构，这就是网络社会结构和运作的基本机制和逻辑。

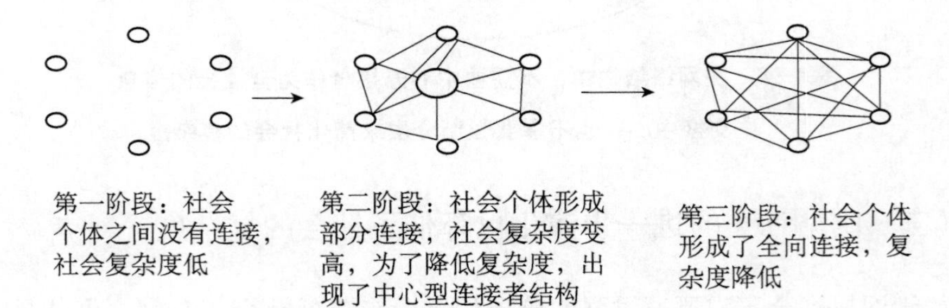

图 8－9　人类社会复杂度改变的历史进程

五、网络社会时代下传统政府的生存与职能转型问题

以上从各个角度的分析，归纳起来，可以用一句话来简单概括：传统社会受制于信息交互与处理能力的限制，从而不得不演化为中心型社会结构来实现有效治理；而网络社会由于其自身的技术与结构特性，是典型的非中心型社会。那么一个问题就随之产生，作为传统中心型社会中心的政府，在网络社会时代如何生存？如果政府确定是一种社会结构中的必须的话，那么在新的社会时代应当承担何种职责？

（一）网络时代的传统政府的职能危机与合理性丧失

如前所述，传统政府居于社会中心的位置以及内部在社会连接与管理职能上的很多方面，并不是政府一厢情愿强加的结果，而是整个社会系统演化所形成的必然稳定结构。然而，这一稳定的中心型结构，在网络社会面前遇到了挑战，处于中心位置的政府由于中心型社会基础的瓦解面对着巨大的职能危机与合理性的丧失。以通常认为的政府职能为例，如前所述，政府在对外、对内宏观、对内微观三个层面来履行自身的职能（见图 8－4）。而在对内宏观的职能方面，尽管有不同的表述，但通常界定为如下几类：宏观调控、市场监管、公共服务、社会管理等。一一分析可以发现，这些典型的传统政府的对内宏观职能都面临着严重的生存危机。

1.“生产—消费者”的直接沟通消除了信息层级传递引发的“生产—需求”波动，从而降低了对宏观调控的需求

宏观调控是传统时代几乎所有政府的核心经济职能。然而这一职能背后的合理性现实需求是由于传统时代下生产者与消费者由于无法直接沟通，从而不得不建立层级的分销体系，而随时间变化的供需信息在这一层级链中传导会产生严重的失真现象，因此需要政府作为社会中唯一全部市场信息拥有者，采用政策和调动资源来平抑这种波动，从而避免由于产销差距过大形成的经济危机的出现（见图 8－6）。这就是宏观调控的现实直接合理性来源，这种合理性是建立在传统社会信息沟通不

畅的前提下的。然而网络社会由于实现了生产者与销售者的直接沟通，并且整个市场产需信息由于信息技术的整合而呈现出逐渐向所有参与者透明的趋势。那么，实际市场中需求的变动可以真实的被生产者所了解，消费者直接向生产者下订单，而每一个生产出来的产品在其出厂时就是已经被销售的。在这种情况下，供需双方的信息不对称造成的产需差距就被很好地消除了。生产者也不会盲目扩大生产或者盲目缩小生产，反之消费者也是一样。政府作为恢复被扭曲下市场信息的干预者的作用就被大大地降低了。也就是说，生产者与消费者之间的直接沟通，消除了政府作为外部信息干预者的存在必要。

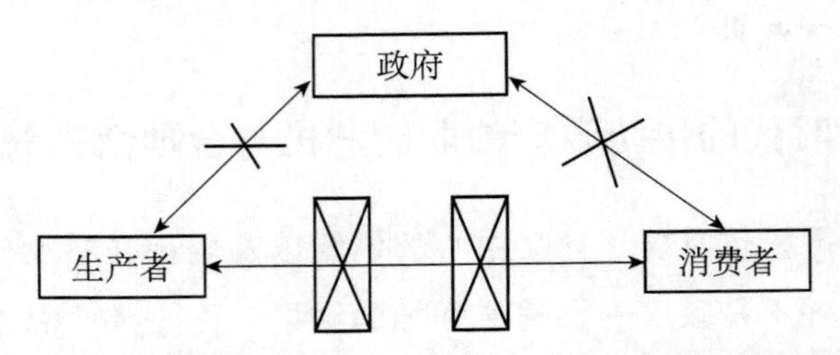

图 8－10　生产者与消费者之间的直接沟通消除了信息传递的失真从而降低了政府干预的必要性

2. 消费行为的第三方透明抑制了市场中短期行为从而降低了对市场监管必要性的需要

市场监管是传统政府的一项核心职能。这一职能建立的前提假设是由于市场中的信息不透明从而引发了生产者与消费者之间的信息不对称。因此，在生产过程中，生产者是否按照规范生产了符合质量要求的商品，对于消费者是很难事先知道的。并且，即便消费者在实际消费中受损，然而由于索赔成本和实力对比的关系，也很难保障每个消费者的利益，而且大量的销售行为已经发生，不是每个消费者都有能力和意愿进行索赔的，因此市场信息的不透明会激励厂商采取短期行为。为了应对这种局面，传统时代，就需要政府作为市场秩序的维护者强制进行干预。一方面，通过不断的监管对生产者的生产过程、产品质量进行检查从而将有欺诈行为的厂商剔除出去；另一方面，通过建立信用制度，加大将曾经有违约行为的厂商的再进入成本，从而抑制厂商短期行为的动机。这在传统时代成为一种必需。

在网络时代，这种情况得以很大程度上的改变。由于网络交易对第三方透明，任何厂商对个别消费者的欺诈行为都被暴露在网络之上并被潜在的其他购买者所事先了解（通俗地讲，就是消费者在网购之前都会去看对产品的其他消费者评价）。一旦有消费者对产品有所不满，都有可能抑制后来的消费者的进入。因此，短期市场欺诈行为的厂商很快就会因为欺诈行为的透明公开而无人购买从而退出市场。所以，在一个透明的市场中，欺诈行为会大大地减少。厂商不但会抑制自身的欺诈行为，反而还会千方百计维护自身的信誉和产品质量。即便某些厂商存在侥幸心理认为自身的产品中的某些属性的偷工减料，不会被察觉，然而在网络中，厂商面对的不仅仅是单个消费者，而是整个消费人群，因此任何产品都会被整个消费人群（包括普通消费者和专业人士）从各个方面进行监测，而任何的质量缺损都会暴露在网络上。也正因为如此，网络社会由于创造了市场交易信息透明的环境，从而使政府采用的质量审查，信用监管等制度的实质价值会被大大降低。

3. 公共服务资源的透明和可交易降低了政府调动公共服务资源的有效性

网络社会中，信息的透明不仅是商品信息的透明，各种公共属性资源的信息也是透明的。也就是说，拥有公共属性资源的公共服务提供方和需求方之间也可以形成有效的连接和交易。例如，在某些人群中有特殊的医疗需求，需要更好的医疗服务，这时候就能够直接汇集成为公共服务需求，而拥有医疗资源和能力的社会主体，就可以直接在该地构建医疗机构或者提供其他医疗选择。另一个例子是慈善事业，社会慈善是政府的基本公共服务职能之一，慈善分为两种，一种是普惠型的（对于某一类人群）一种是定向型的（对于特定个体）。而对于定向型的救助而言，希望提供慈善救助的人群由于不掌握需要救助的信息，因此，就需要通过政府作为中介者来实现这种救助资源的转移（也就是通过政府统一募捐由政府来进行救助）并付出一定的中介成本。而在网络社会时代，可以很轻易地实现需要救助信息与捐助者信息的公开透明和直接连接，也就不再需要政府作为统一的公共服务信息提供者的居间者地位。

4. 网络社会的自组织性取代了社会管理的有效意义

传统社会政府参与社会管理的初衷和合理性也是建立在社会个体之间的信息不畅基础上的。例如在遥远的两地，两个个体都有某些共同的参与社会活动的需要和热情，然而在当地都是处于少数者，或者互相没有联系，因此就需要政府出面，作为社会组织者的身份将具有同样公共活动需求的组织者联系起来，形成社会组织，并作为核心控制者参与整个社会的运转。然而网络社会中信息的透明使相近公共活动参与的需求者可以实现有效的辨识和协同行动，形成有序的网络社会组织。这就是之前所说的网络社会的自组织性。通过个体之间的相互作用和协同实现有序的组织和自我管理。那么在这种情况下，由政府参与这一社会主体的自我过程就成为一种社会过程的冗余。

以上的分析都是从纯社会演化的理想角度进行的（图 8－11）。现实中的实际社会运作往往还受到各方面的利益、传统、价值观念、意识形态的影响而体现在各个不同国家社会中的不同状态，网络也并不能完全替代这些职能。总体而言，传统社会在以上的几个方面的职责必然性，本质上来自自身所具有的社会中心连接者的信息优势地位。通过这种信息优势，更有效地调控社会资源，保障社会的有序运行，而这种职能定位在网络社会这一更加迅捷、低成本、没有自我利益导向的新型结构面前就会遭遇严重的合理性危机（并且这种冲击是对人类传统时代的各种类型政府全体）：当一个社会不再需要强制性的中心连接者就能实现信息的有效交换和资源的有效分配时，作为信息连接中心的政府该何去何从？或者更为简短地总结：在一个非中心性社会中，原有作为社会中心的政府该何去何从？

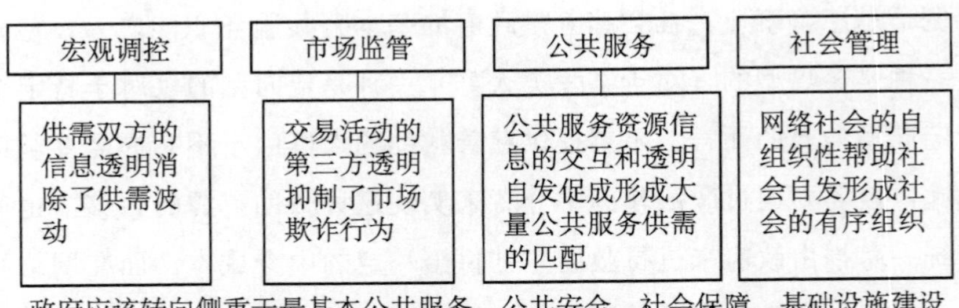

图 8－11　网络社会时代对传统政府若干职能的部分替代

（二）网络社会时代传统政府的职能转型

从目前来看，网络社会时代，整个人类社会依然在相当长的阶段需要政府作为公共机构的管理者，然而面对网络社会的非中心性特征，传统政府必须要做出有效的职能和定位的转型。这种转型就是要改变作为传统社会中心连接者的职能，转而向巩固公共社会外围和社会运行基础的职能转变。

之前的图 8-4 已经说明了政府职能的三个层面。我们可以换一个角度进一步来分析这三个层面：一是构建社会个体的生存和权利基础；二是构建社会的外壳，保卫安全和构建社会运行基础包括物质基础和制度基础；三是社会内部连接职能，作为中心型传统社会的中心连接者和管理者（信息交换和资源分配）。根据以上分析，可以看出，作为社会中心连接者的政府职能在非中心的网络社会时代已经不再是一种必要。那么政府就应该将其职能转为更加关注社会微观个体权利的维护和巩固社会运行的外壳包括不受外敌侵入和构建社会运行必要设施包括基础设施，法律体系和个体的最基本的公共服务上。而在此基础之上的作为连接者的职能都逐步让位于更有效率的网络本身（图 8-12）。

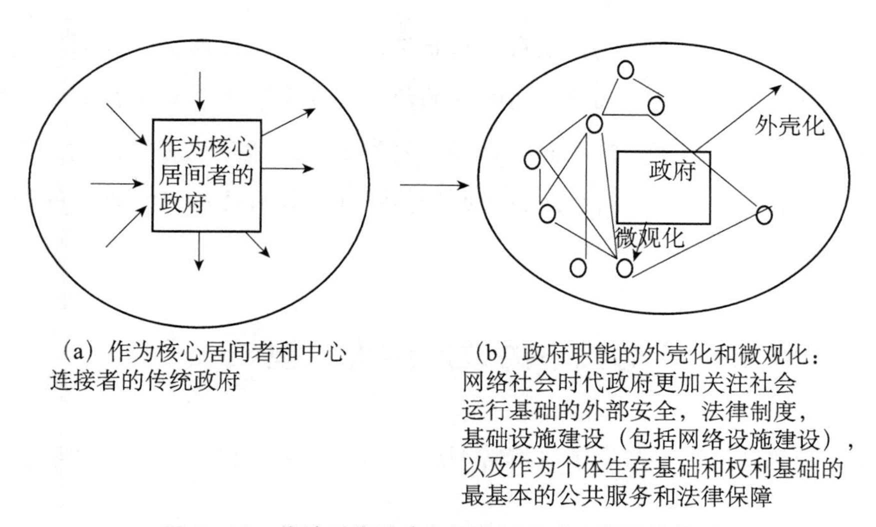

图 8-12　传统时代政府向网络时代政府的职能转型

进一步分析这种改变，在网络时代政府应该致力于两个层面的职能建设，形象地描述这种改变可以称之为职能的微观化和外壳化。

1. 职能的微观化

政府应该更加关注于网络社会的个体生存和个人权利；尽管网络社会能够

通过信息的透明交换实现资源的有效分配从而保障大多数个体的生存，然而不可避免地有个别个体会在这一过程中受到损害，因此这就需要政府给予救助和干预，这主要通过普惠型的最基本公共服务来保障例如失业救济、基本医疗体系等以及针对个别个体的特殊救助。此外，网络社会在拉近社会距离的同时也必不可少地产生了对个体权利的各种新的侵害形式，这就需要政府对个体权利给予更好的制度上的保护。

2. 职能的外壳化

政府更加关注于保障社会运行的基础（外壳）并强化其社会外壳，这体现在三个层面：一是抵御对社会侵害的各种安全威胁包括传统威胁和新的网络安全威胁，确保整个社会的完整和安全；二是更好地完善各种基础设施建设，包括网络建设，减少实际物质交换损耗的基础交通建设等；三是更好地完善制度和法律体系，这既包括对个体权利的保护，也包括对网络社会时代下整个社会有效运行的干预性。

总而言之，在新的时代，政府的职能应该致力于实现两个方向的转变，即将自身从社会中心连接者和核心居间者的角色转变为致力于对于社会中个体的关注和整个社会运行基础的巩固，可以称之为职能的微观化和外壳化。而将资源分配、信息交换、指导社会运行等原先传统社会具有优势和合理性的职能让渡给网络本身。

六、网络社会时代下的政府结构转型

在讨论完网络社会产生了政府转型后，本节进一步讨论网络社会引起的政府结构变化。

（一）网络社会对传统政府在结构上的影响的原因

1. 网络社会彻底改变了整个社会的信息的分布与丰裕程度

如前所述，网络社会的最大特点通过建立起个体与个体的直接连接，并实现了海量数据的交换与处理，从而彻底改变了传统社会中信息交换与处理的低下状态。因此，原先难以交换传递的信息在网络社会可以极为便易地实现交换，整个社会都呈现出信息丰裕的状态。在传统社会中通常面临的决策时的信息匮乏问题，在网络社会中被彻底地改变了。

在信息丰裕程度改变的同时，信息的分布状态也相应的改变了。传统社会由于有限的信息交换渠道，信息被集中到社会中心从而使社会至少存在一个全局信息掌握点，并通过这个点尽可能做出全局有利的决策。而网络社会彻底地改变了这一点，由于信息交换存在于社会的各个位置，因此信息也被分布在社会的各个角落。这就彻底改变了传统社会信息集中在一点的状态。可以说，在理想状态下，网络社会各个节点的信息分布大体是均匀的。当然，现实的网络社会总是存在各种信息交换的障碍，如语言障碍、渠道、信息处理（接受、识别、处理等）等，但整体而言，传统社会只有一个点拥有全局信息的状态被极大改变了。这也就改变了原先服务于信息传递与处理的科层政府体系。

2. 网络社会本身降低了政府决策来自信息缺乏的困境

传统社会中政府决策的困境，主要就在于决策时的信息缺乏问题，既包括决策时所需要的支持信息的缺乏，也包括备选决策方案的缺乏。因此，传统社会缺乏有限决策，而社会总需要有效决策。所以从决策的意义上，就发展出整个政府体系，形成固定的信息传递与处理体系，并尽可能地通过逐级传递，过滤出有效信息到最高决策层，这就是传统政府从决策角度的形成逻辑。

而网络社会彻底改变了这一点，当整个社会信息变得非常充裕后，原先由于信息匮乏产生的决策困境就会被改变。由于信息均匀分散在网络中各个节点，各个点都可以根据自己的信息做出比原先更加优化的决策。原有作为一种社会演化妥协结果的政府科层体系就会失去其内在的合理性，整个科层体系就会发生实质的变化。

3. 网络社会改变了传统政府一切组织、计划、控制、运作、监督的信息缺乏困境和模式

不仅是决策，由于整个社会的信息缺乏困境被改变。传统组织的一切组织

行为，包括组织的架构，组织的计划、控制、运作、监督等因为信息缺乏困境而形成的科层架构，都被极大改变了。在网络社会中，原有通过严格刚性科层体系形成的组织静态结构与动态行为，都存在新的选择。传统的刚性科层组织可以通过网络技术更加迅速地提高本身体系的能力；更多的可能是，原有的刚性结构并不成为必需，从而形成新的替代性结构。而由于信息的均匀分布与交流传播的迅捷，从而使其他结构体系更有效率。这就意味着传统的政府必然会因为整个社会环境的变化而发生多样的结构改变。

（二）网络社会时代传统政府组织结构的变化

1. 网络社会中不再以刚性科层化体系作为唯一必要

从网络社会的本质开始到组织结构，再到网络社会对信息传播与分布的改变，以及社会信息传播与分布状态改变对组织静态结构与动态性质的影响，都是为了说明一个事实，即在网络社会由于整个社会的信息状况和社会本身的结构的改变，从而使原先严格依附于社会结构与现实的传统政府真正有可能改变原先刚性的科层化体系。从这个意义而言，传统的刚性化科层体系，并不是政府刻意而为的结构，而是在传统社会的不得已的演化结构。而在网络社会，政府真正有了更多的结构选择。

2. 网络社会时代政府将呈现更多样混合态的治理

从具体的组织结构改变而言，可以依然从横向和纵向两个层面进行。

（1）横向的变革：跨域区域和专业化领域

从横向的改变来看，由于信息的传播与处理能力大幅增长，原先受制于信息处理能力低下和降低管理复杂度而不得不采用狭窄的管理幅度（每个管理者直接面对的下属数）可以大幅增长。直接反映在组织结构表现上，就是原先狭窄的专业管理部门可以由于信息交换与处理能力的增长而极大增加其管理幅度和业务范围，每个专业化部门管理的领域会更多。而当具体的管理职能部门内部管理幅度与业务范围变宽的同时，部门的数量也会相应地变少。

如图 8-13 所示，A、B、C、D是四个下级管理部门，其有八个业务部门，每个管理部门原辖两个，但是由于网络信息技术引发的管理幅度的增长，使一个管理部门能够承担 4 个相关业务部门的管理，因此 A 与 B，C 与 D，就能够合并为新的部门。这样对于更高一级的决策中枢 I 而言，相应的直接面对的部门数量就会大幅减少。这也就是网络社会由于解决了信息充分交换与处理情况下，引发的大部门制的变革。

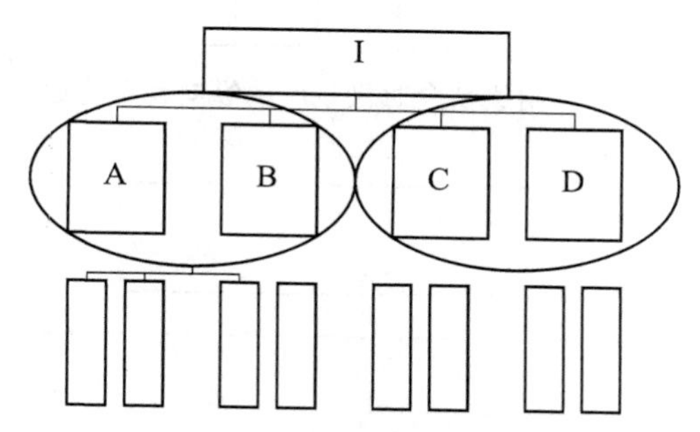

图 8－13　网络社会政府促进专业部门横向联系

以上更多地是针对垂直管理部门而言的，实际上针对跨区域的情况也是同样的。由于下级权力中心能够更有效地管理更下一级的次级权力中心，相应的区域划分就可以变得更大。这与垂直管理部门的大部门制是同样的逻辑。

（2）纵向的变革：扁平化与跨越层级

网络社会的政府由于在纵向导致了管理幅度的增加，从而必然直接的导致在同样组织单元中，所需的层级也就相应的变少了（因为很显然，总的机构数量一定情况下，管理幅度与管理层级成反比）。那么，一个自然的结果是整个组织结构会变得比原先要扁平。原先需要三级管理体系的可能两级就可以。这种变化称之为扁平化，网络社会的政府一定是比传统政府更加扁平化。

扁平化是指整个政府在纵向结构的变化，另一种可能是整个纵向结构并不会压缩，原有的层级依然保持，但是在层级之间形成了跨越式的若干垂直管道。这就形成了刚性的层级与柔性跨层级结构的混合。

图 8－14 和图 8－15 分别描述了以上两种趋势，其中扁平化的结构在已有的文献中已经频繁讨论过，并不令人觉得惊讶。值得关注的是，跨越层级的结构。在传统政府结构中，这种结构也是存在的，典型的称之为条条块块的划

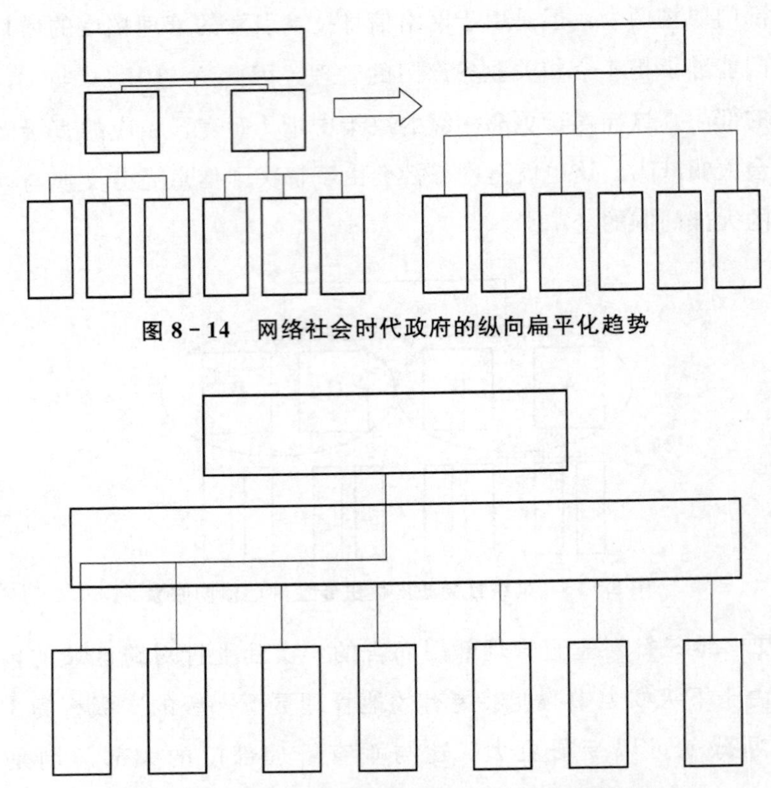

图 8-14　网络社会时代政府的纵向扁平化趋势

图 8-15　网络社会时代政府形成的跨层级的结构

分。传统的条条块块的划分依然是存在严格科层的（例如依然严格对应“国家—省—市—县”的科层结构，只是在隶属关系上形成垂直体系）。而网络时代政府的跨层级指在某些结构上形成对下一科层体系的直接管辖，从而形成管理权对科层体系的穿越，例如省跨过市直接管理县的某些业务（典型的如浙江等地的财政权），但整个行政体系依然按照省市县布局（这并不同于省直管县，因为省直管县描述的是科层的扁平化，意味着整个科层体系的压缩）。

（3）纵向与横向的混合结构

当横向与纵向的影响都讨论完后，一个自然的问题就产生了，当这两种趋势同时作用的情况下，会不会产生混合的结果。实际上，无论根据理论的分析还是现实的情况，这种混合的结构都存在且会越来越频繁。

图 8-16 描述了这种结构，为了使示意图清晰，我们省去了不同层级之间的连线，其中 A-a-a1、B-b-b1 是原有具有天然隶属关系上下级结构，然而随

着网络社会时代产生的信息交换与处理的改善，使跨国天然性的自然隶属关系成为可能。即形成了 B-a 的上下级结构，甚至跨越层级，直接形成了 B-a1 结构。

这种结构在当前公共管理的实践中，一个典型的例子是跨越自然地理区域形成的“飞地”治理结构。如一省由于经济发展水平较高，在另一省内的某些下级区域，如某些县，成立直接管辖的经济园区。其管理政策、法律法规、税收等皆按照飞地管理省份进行。

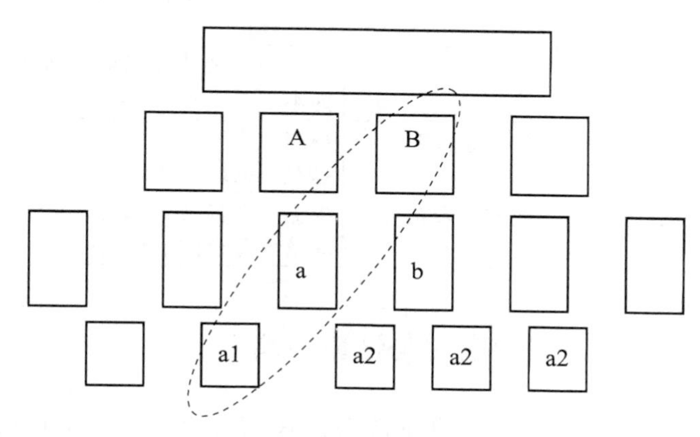

图 8－16　网络社会横向与纵向混合型变革的政府组织结构

当然飞地模式，只是网络时代政府在纵向与横向混合变革形式的一种，在未来，随着信息交换和处理能力更进一步的发展。政府与政府之间也将发展出更加动态与柔性的治理结构。一言以概之，原先典型的僵化的科层结构，将按照最优最有效率的方向变为柔性的体系。由于政府之间通过内部的政务信息通道而实现对接，上下级政府之间的信息接口将更加规范、清晰。那么上下级之间的隶属关系的变革也将更为简易。承担具体职能的部门职责将更为明确，数量可能会变化，但总体的决策部门的数量会更少，科层数会变少，政府结构会变得更加简洁；上下级部门之间可以很轻易地调整动态隶属关系，如不同上级区域可以在每一段时间重新选择治理的下级区域，而下级区域可以根据不同的发展阶段和任务选择不同的上级形成竞争。传统的按照地理区域、行业分类的管理体系也会变得模糊。对于这些变革趋势的原因，都是由于网络社会信息交换处理以及信息分布改变后，政府科层体系变革发生的自然结果，只不过有些体现在横向，有些体现在纵向，或者呈现出混合的结构。我们将这些变革列表如下（表8-1）。

表8-1　网络社会时代政府科层体系变革的趋势

	表现	原因
趋势1	政府具体职能部门数量可能会增多	网络时代社会活动复杂多变，需要针对性的形成管理部门
趋势2	具体部门的存在周期可能会变短	社会活动发展迅速，部门的设置的变化也剧烈
趋势3	参与决策与统筹的大部门数会减少	信息的充裕使在决策与管理上形成部门横向融合
趋势4	整个科层会逐渐扁平化	信息的充裕使在纵向管理上漫长的科层成为不必要
趋势5	上下级的隶属关系更加动态，变化会更加频繁	根据社会变化随时调整上下级隶属，且信息接口的统一使调整变得容易
趋势6	跨越层级、区域、专业的管理结构会层出不穷	根据社会需要以及变革成本的降低，很容易形成复合的治理结构

（三）政府结构转型的应对与适应策略

技术的改变是一种客观与被动的趋势。任何改变主动的适应性的变革总比被动的改变要从容，转换的成本也更低。因此如何在网络时代主动适应政府的变革，也成为当前政府的一个重要的挑战。在传统时代，政府也在根据实际治理的需要，进行各种各样的变革。大体而言，政府要做好以下几点，才能在变革中更加掌握主动。

第一，在技术层面，大力推动统一的政务信息化建设。政务信息化是政府在网络社会时代建立的首要适应性变革。然而，当前的政务信息化存在着典型的缺乏顶层设计，缺乏统筹的问题。这就直接导致了在整个系统内部，信息难以实现有效的直接传递，极大降低了信息传递的效率，从而导致整个体系的决策、执行、监督的信息成本上升。因此，要在同一的管理体系内，建立完善覆盖整个政府体系的统一政务信息系统，不能存在信息无法直接沟通交换传导的现象。

第二，大力推动政务信息的内部交换。当统一的信息平台建立后，就要大力推动不同部门之前的信息交换与整合。只有当不同部门的信息实现充分交换整合与优化后，不同业务管理部门才能协调配合起来，才能实现整个信息在体系内的均匀分布，才能使每一个节点都能够拥有充分的信息实现整个体系的有效协同。

第三，大力推动政务信息的公开与交换。当实现了政府内部信息的充分交换与共享后，同时也要推进非涉密信息的与政府外部的整合与交换，也就是通常说的信息公开。实践证明，通过信息公开，使社会充分挖掘和整理政府无法整理的信息，从而挖掘出社会治理的方向和价值洼地，既促进了经济发展，也有利于社会治理水平的提升。

第四，大力借用信息工具推动行政体系的变革和鼓励尝试。以上的信息交换统筹公开等都是在信息层面，不涉及实体的变革层面。信息交换整合后也会促进变革的自然发生。但是，政府主动的变革依然是重要的。这就要求政府在充分实现内外部交换的基础上，大胆尝试各种新的治理结构的形式。目前较多的是实现跨层级与跨区域的统筹治理，如横向的大部制与纵向的单个领域的跨区监管等。未来还可以进一步尝试跨越纵向与横向的治理结构。

第五，完善法律框架，开放治理资源，促进多元治理。以上的变革都是在政府体系内部，随着社会越来越发展，公共管理体系一定是从封闭走向开放，从管制走向治理的，也就是说每一个主体都有机会参与到社会秩序的提供中。网络社会的发展，为这种治理的变革提供了更好的社会基础和技术条件。以出租车行业监管为例，传统的政府监管通过长期实践依然存在着收费高，效率低等问题，而对通过互联网软件形成的虚拟治理时，体现了其高效率，动态性，强大的整合资源与易用性等特点。这仅是一个很小的侧面，然而却展现了网络时代各方面参与治理的未来前景。而实现这一点，首先要完善整体治理的法律框架，使各方有一个基本的行为准则，在此基础上，通过网络手段整合各方面资源，真正实现多元主体的参与治理。

小　结

本章用了很长的篇幅阐述了网络社会对政府职能与组织结构的影响，为了揭示这种转变，我们从网络社会的本质入手，并进而分析网络社会与传统社会在结构与运行逻辑上的不同。并进而分析网络社会的兴起在重构社会本身时对传统政府的冲击影响和内在的逻辑。通过分析其内在核心原因发现，这种冲击核心在于网络社会由于彻底改变了信息的交换、传输、处理和分布状态，从而颠覆了原先一切以满足传统时代信息匮乏治理的体系架构，对职能与结构，都产生重要的变化。将其总结一下，根据本章已有的探讨可以得出以下五个基本问题的回答。

一是传统社会的治理结构与政府结构是什么？传统社会是典型的中心科层型结构，从而相应的传统政府也是中心科层型结构的结果体系。政府是社会的中心位于社会等级的顶端，实现全社会的信息交换与资源调配。

二是网络社会的核心特性对传统政府的影响有哪些？传统社会是典型的中心型社会，这一社会结构是在信息交换水平落后的条件下通过构建强有力的中心连接者实现整个社会的连接和有序运行，而政府就是这一社会中心连接者的自然产物，其他的种种制度，例如分工交换、分层治理等模式都是为了适应这种信息交换水平落后条件下的自然产物。而网络社会本质上不需要通过中心连接者的存在，这就直接导致传统政府在作为社会连接中心的职能的合理性基础的丧失。同时，网络社会是纵向动态的结构，使在治理体系中，政府也不再居于不变的静态高位，从而使社会中的各个主体形成了动态调整的纵向结构体系。

三是在人类即将整体迈入网络时代的未来，政府职能应该如何实现自身的转型？在整个新的时代，政府的职能应该致力于实现两个方向的转变，即将自身从社会中心连接者和核心居间者的角色转变为致力于对于社会中个体的关注和整个社会运行基础的巩固，可以称之为职能的微观化和外壳化。而将资源分配、信息交换、指导社会运行等原先传统社会具有优势和合理性的职能让渡给网络本身。

四是在网络社会时代，政府结构将发生如何的转变？在网络社会时代，政府组织必然会打破传统政府严格科层化的架构，形成各种多样结构的混合体，包括在横向的合并、纵向的整合和混合态的结构，从而形成柔性动态的政府结构。

五是网络社会时代，政府应该如何应对这种挑战？第一，大力推动统一的政务信息化建设。第二，大力推动政务信息的内部交换。第三，大力推动政务信息的公开与交换。第四，大力借用信息工具推动行政体系的变革和鼓励尝试。第五，完善法律框架，开放治理资源，促进多元治理。

第九章　网络社会时代的治理转型

之前的章节，作者对网络社会的结构，特点，与经济、社会、政治、国家安全、个人和政府转型的关系都做了较为详尽的探讨。本章回到网络社会本身的治理转型上，如前所述，正是由于网络社会所具有的重要新特点，因此必须要通过研究做出适应性的治理形式和制度安排。

一、网络社会对传统治理模式的挑战

网络社会对传统社会的冲击是全方位的，但其对传统治理结构的冲击更为明显，其核心集中表现在以下八个方面。

（一）经济、社会多元化导致的监管困难

网络社会首先改变的是社会中经济运行和社会组织的基本方式，越来越多的经济和社会活动由传统方式迁移为网络方式，改变了人们基本的生产生活的方式。比如从经济活动的改变包括异地办公，虚拟企业，远程生产，电子交易，虚拟货币等。而从社会行为角度，网络社会通过高度的跨时空性使人们的社会交际行为能够不受地域和时间限制跨地域即时地进行。此外，经济与社会活动的网络化还增加了经济交易与社会交际的隐秘性。这就使对传统的经济、社会行为的监管产生了极大的困难。

（二）经济、社会系统脆弱性加剧乃至国家安全更易受到侵害

在网络社会加速和便利了经济与社会的活动与交流，通过网络维系的经济与社会活动变得对网络高度的依赖。在网络上，拥有技术优势的一方更容易对处于技术劣势的网络和其中的个体产生攻击。在此基础上，由于各种经济、社

会以及科技、军事等关乎国家安全的活动也高度依赖于网络，也因此变得更加脆弱。

（三）侵犯个人权利的网络犯罪与网络暴力行为频发

由于网络社会中个人在参与和使用网络的同时，个人的信息和行为也同时暴露在网络之中，这使个人权利极易受到损害，这种损害体现在两方面，一方面，个人的信息往往极易泄露，从而产生经济和其他的损失，侵害了个人的财产权等；另一方面，由于信息泄露和发布所导致的侵害隐私权、名誉权等针对个人的网络暴力行为也频频产生。

（四）政治意识不受控制的涌动和民意的制造

在经济、社会活动之外，网络社会的特点是创造了公共的政治空间，并且在中国的特殊国情下，网络社会的政治性更加明显。政治性很强的网络社会中，由于信息快速的传播和交流速度和表达的加快，使各种政治思潮在网络上涌动和碰撞。并且由于信息不对称、网民交流的跨时间空间性，以及网络身份的匿名性和便于复制性；使可以通过低成本和短时间内大量的通过扭曲信息和聚集关注的方式制造民意。

（五）社会权力转移，原有社会和相应的政治结构打破

在网络公共空间构建的同时，原有的正常的社会政治结构也不得不让渡一部分权力于网络结构。典型的特征就是社会权力的转移，社会权力由原先的少数社会精英逐渐让渡为匿名的大众群体。与此同时，原先层级的社会结构被非层级的混沌形态的网络社会逐渐所吸收和消融。整体社会呈现出更加复杂和非固定结构的特征。

（六）社会动员能力转移，群体性事件频发

社会权力的转移、原先社会结构的打破、和网络本身具有的便捷性和隐秘性使原先政府单一具有的社会动员能力被分散和转移，从而导致动员和组织大

规模的群体性事件变得更加容易。尽管群体性事件的爆发与社会中的实际治理问题有着高度的联系和更深的现实根源，然而，越来越多的群体性事件的爆发与网络环境下群体性事件更加易于组织和与隐蔽也高度相关。

（七）对政府的监督和不信任被放大

尽管对政府的监督是公民本身具有的权利并且透明政府的建设也是政府自身的努力方向，然而必须承认的一个事实是网络社会的突然兴起极大地增加了网民对政府的诉求和监督，使政府不得不分担大量的精力去面对大量的网络质疑。与此同时，由于政府突然被暴露在网络面前所产生的不适应，以及网络独特的信息放大和扭曲，使政府面对的不信任被无限制的放大，政府面对越来越强大的负面压力。

（八）治理策略和治理体系的缺失

面对当前的多种网络社会产生的挑战时，最大的压力是现有对网络社会的治理策略以及相应的治理体系特别是法律法规体系均严重缺乏。准确地说，当前面对网络社会的快速发展，公共管理的实践者和研究者还未从突然暴露于强光灯下的震惊和眩晕状态走出。在一些重要的理论和手段方面准备不足，实践上也缺乏探索，整体处于束手无策的地步。

二、网络社会治理需要解决的若干关键问题

如上种种的网络社会治理的难题，固然有技术手段相应缺乏等因素，然而最重要的因素是对一些网络社会的一些基本问题还未形成共识。而在网络治理实践中，也需要对一些关键问题进行清晰的探讨，只有在形成关键的共识之后，才能对网络社会的治理（包括制度治理和技术治理）体系和手段进行完善。这些关键的问题至少包括以下十个方面。

（一）网络社会的基本属性：网络社会是一种什么样的社会状态

网络社会治理首先要搞清楚的第一个基本问题是，网络社会到底是一种什

么样的社会状态。这个问题是所有网络社会治理策略的出发点。现有的观点大概有三种，一种认为网络社会是完全的虚拟社会，因此要制定虚拟世界新的法则或者应该用完全自由的方式处理；另一种认为，网络社会是实体社会的延续，因此要按照实体社会治理的原则来治理网络社会（比如实名化）；第三种认为网络社会已经与传统非网络社会高度融合，产生了介于虚拟社会与传统非网络社会高度融合的新的混合状态。因此需要采用虚实结合的治理策略。无论哪种观点正确，都是制定治理政策的基础。

（二）网络社会的复杂性与可治性问题

与网络社会的属性高度相连的是网络社会本身所具有的最基本特性问题。而这一基本特性是着手制定网络社会治理策略的基础。而网络社会最基本的特性当属网络社会本身所具有的复杂性以及由复杂性所引发的可治性问题。所谓复杂性是复杂系统理论的专有术语，特指网络社会本身的构成高度复杂并且由于高度复杂所具有的突变性、不确定性、非中心性等特点。而复杂性基础之上的是可治性的问题。如果承认网络社会的复杂性本质，就必须承认网络社会不能沿用传统社会的治理方式来从根本上实现治理。

（三）网络社会中个体的身份属性与个体权利问题

网络社会中的个体是网络中的基本活动单元。然而网络社会中个体的身份属性到底是什么，这一问题依然还未有明确回答。在现实生活中，个体属性是与人的基本权利高度相关，如生存权、财产权、受教育权、发展权等。而网络社会中的虚拟主体的属性到底是什么？是否应该如同现实生活一样承认并赋予虚拟主体的同样的个体权利？如果有，这样的个体权利到底是什么？实际生活中的个体是否有权拥有多个网络虚拟个体？在剥夺网络社会虚拟主体基本权利特别是生存权利的同时是否需要履行一定的法律等问题（例如网络管理单位是否有权或者在什么条件下能够封禁网络上的虚拟主体）？这些问题都没有很好的解决。

（四）网络社会治理与保障公民权利的关系问题

困扰网络社会治理的一个重要的政治伦理悖论是认为网络社会极大地扩展了公民的参政议政的权利和渠道，同时网络的言论自由等权利是公民重要的人身权利。而推动网络的治理或者控制会极大损害公民的这种权利。因此，从保障公民权利和形成政治平衡就成为反对网络管理的一种主要的价值方面的阻力。而这种担忧并不是没有道理的，因此如何能够在保障公民基本网络权利和自由的情况下同时实现网络社会的有效治理，这是需要认真考虑的问题。此外，政府或者其他组织有没有权利对公民的网络信息和活动进行监控，应该在什么水平和范围内监控，应该履行哪些程序，都是需要认真考虑的。

（五）政府、企业、社会组织、公民在网络社会中的位置和角色关系问题

网络社会中重要的特性就是由于网络社会颠覆了原有的相对固定的层级关系，使得政府、企业、社会组织、公民等各种主体都以大致平等的身份来参与到网络社会的互动中。那么，在网络社会中，这些在原本真实社会具有明显层级地位和力量不平衡的主体在网络社会中应该扮演什么样的位置和角色，是否在网络社会中还应该保持原先的固化的层级关系和力量对比？（典型的如无论政府大小，其在网络社会的代表都是单一的身份ID，而显然在缺乏层级秩序的网络社会中处于相对劣势的一方）。

（六）网络社会治理与推进信息化建设、经济发展之间的关系问题

网络社会的发展与推进信息化等重大的产业措施高度相连，也是中国快速推动信息社会建设的重要成果。一个基本的问题是，对于网络社会的治理会不会损害和抑制正在蓬勃发展中的信息化进程和蓬勃发展的网络经济呢？更何况在当今中国的经济实际中，信息化发展是中国经济转型的重要支柱。这也需要在设计和研究网络社会的治理策略和机制时进行考虑。过严的限制和管制必然会伤害和抑制网络活动的繁荣，从而抑制经济的进一步发展。

（七）网络社会的治理与政务公开、效能建设、反腐败等政府建设的关系

如前所述，对政府管制体系的挑战是网络社会治理的重要压力之一。然而，网络社会的治理与政务公开、效能建设、反腐败提高政府能力和廉洁程度之间的关系如何？一个基本的原则是对网络社会的治理并不能成为阻碍或者拖延政务公开、效能建设、反腐败等的理由和解决政府缺乏网络信任的办法。怎么样使得将两者结合起来，通过自身的建设而完善整体网络社会的官民信任和冲突问题并增加实际政府的合法性，也是需要认真研究的问题。

（八）网络暴力与犯罪行为的界定和属性问题

网络暴力的治理是网络治理的主要对象和难点。然而对于什么是网络暴力，网络暴力与网络虚拟主体以及真实主体行为人的关系问题，依然很难界定。更进一步的问题还包括，网络暴力行为在什么程度上属于网络虚拟空间的惩罚范围，而在什么程度上应该属于真实空间的惩罚范围，其各自的处罚尺度和程序是如何的？

（九）网络组织的群体性事件的界定与干预问题

网络成为群体性事件的主要组织渠道，然而不是所有在网络上的组织活动都是非法的。因此，怎么界定网络组织活动的属性？对于那些开始组织但是诉求合理的群体性事件应该如何去界定？对于仅在网络上参与组织群体性事件未在现实中开始的那些行为如何去界定？政府有没有权力对在网络上策划群体性事件的组织者进行控制和惩治？这些问题都需要认真的考虑。

（十）公众人物的权利以及网络反腐的程序与合法性问题

网络反腐成为重要的网络现象，并且产生两方面的影响：一方面的确促进了反腐工作的开展并对官员的腐败行为产生威慑；另一方面同时也产生了泄露官员隐私，以及歪曲、造谣、并肆意扩大化侵害其他无关公民的隐私问题等。并由此也产生了网络反腐本身的合法性和如何纳入到正常的反腐渠道中的问题。

三、当前我国网络社会治理的主要不足

（一）在网络安全方面准备不足

从网络安全方面，现有对网络安全的重视程度远远不够，国家还没有对网络安全进行系统立法。尽管 2000 年 12 月 28 日全国人大通过了《关于维护互联网安全的决定》，但其中规定的条款以及对网络形式的估计已经远远落后于近年来网络社会的飞速发展，而现有的《网络安全法》依然在拟定中。同时在网络安全方面的教育，人才储备方面远远落后。在观念方面，人们还普遍未建立起网络安全的有效观念。更为重要的是，现有还未制定系统的针对网络安全的国家战略。一旦网络安全方面出现问题，则很容易导致网络瘫痪甚至对传统社会生活和结构产生严重冲击。

（二）体制和机制缺乏

除了网络安全的严重的压力外，在具体的网络治理方面，表现为体制和机制不顺。截至目前，还未形成国家层面的自上而下的对网络社会治理的管理体系。这就导致对网络社会治理的情况研究、政策制定、执法等都缺乏落实。由于网络社会的极为重要的作用和影响，必须要尽快完善和统一针对网络治理的从技术内容到未来发展规划的管理体制。

（三）技术准备严重不足，关键技术大多被国外掌握

技术准备严重不足也是当前我国网络社会治理和安全的重要硬约束。由于长期缺乏对网络基础技术体系的投入和研究，以及由于在网络社会发展过程中作用的缺失，特别是对于影响整个网络发展的关键技术协议，重大技术创新过程的缺乏参与，几乎网络社会中运行的所有关键性技术我国均缺乏有效的掌握和系统的储备。而这些成为严重威胁网络社会有效运行的关键不稳定因素。因此，从网络战略安全角度，必须要加强对于网络关键技术的掌握同时

要在未来的互联网发展中不断创新，要参与国际上对互联网关键协议的议定过程。

（四）缺乏系统的战略应对

从战略角度讲，以上的三个方面都集中反映了一个深刻的问题，即整个国家现在还没有一个稳固的针对互联网的战略准备。这就导致了无论从技术储备、观念、体制机制等都不得不在现实面前疲于应对。从战略角度讲，必须要对事关互联网发展进行战略上的思考和战略上的制定，包括人才战略，技术战略，安全战略，战略的制度保障等。

（五）国内立法缺失

从立法的角度，网络治理最终是要通过法律的形式对网络个体和使用网络的自然个体的行为进行约束。而法律缺失也是当前网络治理的明显的缺陷。当然法律缺失仅仅是结果，更重要的是之前所谈的战略的缺失。从现有法律来看，现有法律只有《互联网信息服务管理办法》《计算机信息系统国际联网保密管理规定》《维护互联网安全的决定》以及刑法中的若干条目。这些远远落后于现实，目前来看，期待正在修订中的首部《网络安全法》的出台。

（六）违法犯罪界定和处罚有限

对网络违法犯罪的处罚是网络治理的重要手段，然而现存由于法律体系的落后，使得对网络违法犯罪的行为处罚远远落后于现实，如典型的我国刑法第二百八十五条规定："违反国家规定，侵入国家事务、国防建设、尖端科学技术领域的计算机信息系统，处三年以下有期徒刑或拘役"。将非法侵入计算机信息系统罪的犯罪对象仅限于国家事务、国防建设和尖端科技领域的计算机信息系统，保护范围显得过于狭窄。缺乏对公民基本权利的保护。此外，在网络案件管辖权和处罚等方面，都存在巨大空白。总而言之，亟待解决的是形成较为完整的网络空间安全立法体系，从而对网络犯罪形成有效控制。

四、国外网络社会公共治理经验参考

（一）国外主要发达国家网络治理的经验

1. 主要发达国家和大国均十分重视网络社会治理问题

以美国为例，互联网诞生之初，就于1977年制定了《联邦计算机系统保护法》。随着互联网在20世纪八九十年代逐渐普及，美国又相继颁布了《联邦禁止利用计算机犯罪法》《计算机安全法》《电子通信隐私法》《全球电子商务政策框架》《域名注册规则》等一系列与互联网有关的法律法规。

在俄罗斯，俄罗斯接入互联网较晚，1994年才拥有“.RU”后缀的国家域名，但近年来发展非常迅猛。2011年年底，俄罗斯域名数量已名列全球第五。同年，俄罗斯互联网用户总人数达7 000万，其中5 000万是活跃用户。俄罗斯政府支持并保护互联网自由，但也明确强调自由的前提是对法律法规和道德准则的遵守。在法规与政策层面，俄罗斯互联网管理以《俄罗斯联邦宪法》为准绳，以《俄联邦信息、信息技术和信息保护法》为基础，以《俄联邦国家安全构想》《俄联邦信息安全学说》和《2020年前国家安全战略》为政策指导和理论依托，并辅以若干总统令、地方政府和专业机构出台的措施。面对网络上层出不穷的威胁，有关部门正在组织法律专家积极起草专门的互联网管理法[①]。

在英国，2003年7月17日，英国议会通过新的《通信法》（Communications Act）。英国政府合并了原来的五家机构，新成立了“通信办公室”（OFCOM），负责广播以及通信的监管工作和网络信息内容标准的维护，加强对非法内容的管制，并推动建立分级和过滤系统。

澳大利亚是世界上最早制定互联网管理法律法规的国家之一。《广播服务法》《反垃圾邮件法》《互联网内容法规》和《电子营销行业规定》等都为互联网管理提供了法律依据。

---

① 张晓东：《俄罗斯互联网管理稳步推进》，《人民日报》，2012年6月15日。

为加强互联网管理，澳大利亚政府将广播管理局和电信管理局合并，于2005年成立了通信与媒体管理局。该机构专门负责整个澳大利亚的互联网管理工作，对澳大利亚本土网站的内容进行限制，对网上赌博和垃圾邮件的投诉进行调查，而对海外网站，一旦被列入黑名单，就会采用过滤软件，涉及儿童色情、性暴力、教唆犯罪、种族仇视、恐怖主义等内容严禁传播。

2008年5月，澳大利亚政府开始实施一项耗资8 200万澳元（1澳元约合0.98美元）的"互联网安全计划"，其中一项内容是针对互联网服务提供商的强制过滤器。该过滤器软件可阻止下载在澳大利亚属于非法的信息，如儿童色情和恐怖主义的内容等。据调查，澳大利亚85%的互联网服务提供商都对过滤器表示欢迎。

2. 高度重视互联网上的国家安全问题

高度重视互联网上的国家安全问题是国外网络治理的重要目标，特别是在美国"9·11"事件之后，西方发达国家普遍加强了对涉及国家安全的网络治理。

"9·11"事件后，美国颁布的《爱国者法》和《国土安全法》都含有授权政府对互联网进行监控的条文，美国政府或者执法机构可以依法监控所有"危及国家安全"的互联网信息，并采取屏蔽等措施。2010年，美国又通过了《将保护网络作为国家资产法案》，授权美国联邦政府在实施紧急状态的情况下关闭互联网。原始法案允许总统在受到大规模网络攻击的紧急情况下，无限期地关闭互联网。通过时已经修订为总统控制网络的最长时间为120天。

3. 高度重视公民隐私特别是特殊人群隐私

隐私是最为重要的人身权利之一，西方国家在网络治理时将保护公民的互联网隐私权置于非常重要的地位，特别是对特殊人群隐私的保护达到了极为重要的地位。不允许以任何手段侵害特殊人群的隐私。

以美国为例，早在1986年，美国国会就通过了《联邦电子通讯隐私权法案》，规定了通过截获、访问或泄露保存的通信信息侵害个人隐私权的情况、例外及责任，是处理网络隐私权保护问题的重要法案。

在保护特殊人群隐私方面，特别强调保护儿童的隐私，早在1998年，美国便通过了《儿童在线隐私保护法案》。该法律严禁任何网站在未经家长同意的情况下获取未成年人的姓名、地址、电话号码等私人信息。

在欧洲，1996 年 9 月，欧盟通过了《电子通讯数据保护指令》；1998 年 10 月，有关电子商务的《私有数据保密法》开始生效；1999 年欧盟委员会先后制定了《互联网上个人隐私权保护的一般原则》《关于互联网上软件、硬件进行的不可见的和自动化的个人数据处理的建议》《信息公路上个人数据收集、处理过程中个人权利保护指南》，强调对公民个人信息的严格保护。

4. 规范网络内容

在国外，规范网络内容也是网络治理的主要方面。特别是对涉及到儿童色情等内容，例如美国从 1996 年起至今一共通过了 4 部相关法律，对成人网站进行限制。这四部法分别是《通信内容端正法》《儿童在线保护法》《儿童网络隐私规则》《儿童互联网保护法》。德国在《公共场所青少年保护法》和针对网吧管理的《经营法》等法令中，明确禁止在网络上制作和传播“极端言行、纳粹主义、恐怖主义、种族歧视、儿童色情”等非法及有害信息。新加坡 1997 年颁布的《互联网操作规则》（Internet Code of Practice）为网站提供了明确而具体的“禁止内容”判断标准，即有违公共利益、公共道德、公共秩序、公共安全、国家稳定以及其他新现行法律禁止的内容①。

5. 打击网络犯罪

2001 年 11 月由欧洲理事会的 26 个欧盟成员国以及美国、加拿大、日本和南非等 30 个国家的政府官员在布达佩斯所共同签署《网络犯罪国际公约》，规定网络犯罪的九种形式：成为首次就网络犯罪形成的国际公约，其规定的网络犯罪的形式包括以下几类。

（1）非法进入（Illegal access）：指当针对整个计算机系统或其任何部分的访问是未经授权而故意进行时，每一签约方应采取本国法律下认定犯罪行为必要的立法的和其他手段。签约方可以规定此犯罪应当具有获得计算机数据的意图或其他不诚实意图，或涉及与另一个计算机系统相连接的计算机系统而侵害

---

① 李菁菁：《浅析西方国家互联网管理的通行做法》，《第二十一次全国计算机安全学术交流会论文》，第 326～328 页。

安全措施。(原文请参照《网络犯罪公约》第二条)。

(2) 非法截取 (Illegal interception)：此类行为包括非法截取电脑传送的“非公开性质”电脑资料，此项规定是用以保障电脑资料的机密性。根据欧洲理事会说明，如果电脑资料在传送时，没有意图将资讯公开时，即使电脑资料是利用公众网络进行传送，也属于“非公开性质”的资料。(原文请参照《网络犯罪公约》第三条)。

(3) 资料干扰 (Data interference)：包含任何故意毁损、删除、破坏、修改或隐藏电脑资料的行为，此项规定乃是为了确保电脑资料的真确性和电脑程式的可用性。(原文请参照《网络犯罪公约》第四条)。

(4) 系统干扰 (System interference)：此项规定与第四条的“资料干扰”不同，此项规定乃是针对妨碍电脑系统合法使用的行为。根据欧洲理事会的说明，任何电脑资料的传送，只要其传送方法足以对他人电脑系统构成“重大不良影响”时，将会被视为“严重妨碍”电脑系统合法使用。所以在此原则下，利用电脑系统传送电脑病毒、蠕虫、特洛伊木马程式或滥发垃圾电子邮件，都符合“严重妨碍”电脑系统，即构成“系统干扰”的行为。(原文请参照《网络犯罪公约》第五条)。

(5) 设备滥用 (Misuse of devices)：包含生产、销售、发行或以任何方式提供任何从事上述各项网络犯罪的设备。由于进行上述网络犯罪，最简便的方式便是使用黑客工具，因此间接催生了这些工具的制作与买卖，因此有必要严格惩罚这些工具的制作与买卖，从基本上杜绝网络犯罪行为。(原文请参照《网络犯罪公约》第六条)。

(6) 伪造电脑资料 (Computer-related forgery)：包括任何虚伪资料的输入、更改、删改、隐藏电脑资料，导致相关资料丧失真确性。目前欧洲理事会各成员国法律，伪造文件都是犯罪行为，需要接受刑事制裁，故此规定只是将无实体存在的电脑资料也纳入“伪造文书”的文书范围。(原文请参照《网络犯罪公约》第七条)。

(7) 电脑诈骗 (Computer-related fraud)：包括任何有诈骗意图的资料输入、更改、删除或隐藏任何电脑资料，或干扰电脑系统的正常运作，为个人谋取不法利益而导致他人财产损失，这是需要予以刑事处罚的犯罪行为。(原文请参照《网络犯罪公约》第八条)。

(8) 儿童色情的犯罪 (Offences related to child pornography)：包括一切在电脑系统生产、提供、发行或传送、取得及持有儿童的色情资料，此项规定是泛指任何利用电脑系统进行的上述儿童色情犯罪行为。(原文请参照《网络犯罪公约》第九条)。

(9) 侵犯著作权及相关权利的行为 (Offences related to infringements of copyright and related rights)：此项规定包括数条保障智慧财产权的国际公约列为侵犯著作权的行为，《网络犯罪公约》也规定这些行为必须为故意、大规模进行，并使用电脑系统所达成的。(原文请参照《网络犯罪公约》第十条)。

6. 系统制定网络空间国家战略

高度重视网络空间，将网络空间视为传统空间的自然延续，是超级大国网络管理的重要战略导引。以美国为例，美国是一个素来以扩展自然领土和“新边疆”战略的国家。在经历了传统的自然陆地领土扩张，以及以海权论为代表的海洋领土扩张和20世纪80年代提出的以太空领土为目的的“高边疆”战略后，美国又将视角投向了网络空间。自奥巴马政府上台以来，美国政府高度重视网络空间。将网络空间战略上升到国家战略的层面。相继发布了：《网络空间政策评估》《网络空间可信身份标识国家战略》《网络空间国际战略》等。在《网络空间国际战略》一文中，美国政府明确提出了网络空间国家战略的背景，指出“对所有国家而言，数字基础设施已经或即将成为重要的国家资产。要在最大程度上实现网络化技术可能带给世界的利益，网络系统必须稳定和安全地运作。要使人们对数据安全传输且免遭破坏产生信心。确保信息自由传输、数据库安全和互联网络自身的完整性对于美国和世界的经济繁荣、安全以及促进普遍权利都具有重要意义”。并且进一步指出，“网络空间面临被恶意行为破坏的挑战，全世界都应对此有充分的认识，并相应地提升、加强国家和国际应对策略。在网络空间采取的行动将对我们的现实生活造成相应的影响。因此，我们必须制定法律法规，防止网络空间给我们带来的威胁多过利益。要使一个开放、互通、安全和可靠的未来网络空间永远存在，世界各国就必须意识到其面临的威胁，捍卫其安全，并与那些试图动摇或破坏我们日益网络化的世界的人展开斗争。”

面对这样的形势，美国政府提出了未来网络空间的若干基本目标：《网络空间国际战略》一是致力于构建“开放和互通：赋予人们能力的网络空间”：美国支持互联网实现从终端到终端的互通。有了能够满足各自需求的技术，全世界的人们能够接触到各种知识与理念，并进行相互交流。二是致力于构建“安全与可靠：长久生存的网络空间”；三是通过规则实现稳定美国将与“志同道合”的国家一起，努力建立一个人们所期望的环境或者相关行为准则，这种环境或准则将符合我们的外交与国防政策并能指导我们的国际伙伴关系，并指出这些具体的规则内容包括：1）支持基本自由。各国须明确宣誓并通过其他途径，尊重网络空间以及空间以外的基本自由。2）尊重财产权。各国应承诺并通过国内立法确保对知识产权的尊重，包括尊重专利、商业机密、商标权和著作权。3）尊重隐私。应对个人在使用网络过程中的隐私权加以保护，国家不得随意、非法侵犯个人隐私。4）预防犯罪。各国必须有能力探知、惩罚网络犯罪行为，以维护法律秩序，防止出现罪犯的“安全天堂”，并及时参与国际犯罪调查合作。5）自卫权。《联合国宪章》赋予各国正当的自卫权，遭到网络空间攻击后，各国均有权自卫。”

2011 年 5 月 6 日，国务卿希拉里・克林顿就美国网络空间战略进行了归纳性的解读，她提出了美国的七点网络空间战略：

第一，强调经济参与以鼓励创新和贸易，同时保护知识产权；第二，确保网络安全以保护我们的网络并加强国际安全；第三，通过执法以提高应对网络犯罪的能力，包括适时加强国际法律和法规；第四，与军方合作以帮助我们各联盟采取更多措施共同应对网络威胁，同时确保军队的网络安全；第五，包含相关多方的互联网管理以使网络发挥应有效力；第六，帮助其他国家建立其数字基础设施和建设抵御网络威胁的能力，通过发展支持新生合作伙伴；第七，非常重要的是，保障互联网自由。

从以上可以看出，美国政府正在通过系统的战略导向，试图不仅仅在传统的全球领域继续保持领导地位，并试图成为新的全球网络社会的领袖。

（二）在新与旧之间——国外主要国家网络社会治理的核心逻辑

面对新的社会时代转型，不同的国家有着不同的策略和导向，一一穷尽是不可能的，因此更重要的是理解主要发达国家在面对人类社会新的重大历史结构转型时其基本的政策逻辑是什么，从而才能理解众多的具体政策背后的一致性规律，才能有助于建立我国自己的面向网络社会的国家战略。总体而言，国外主要发达国家面对网络社会内在的一致性逻辑就是实现在“新社会与旧社会之间的平稳历史转换”。

当谈到新制度与旧制度的转换，往往令人直接联想到托克维尔的《旧制度与大革命》，其内在深刻描述了在工业革命到来之际对传统法国社会和其上层结构的深刻改变。而一种基本的视角认为，网络社会的到来，远不是工业革命对人类的影响所能够比拟的[①]。因此，当前所经历的新时代与旧时代的转型期，其新旧之间转换的内在张力和跨越将远超过工业革命对农业时代的巨大改造。而主要发达国家的战略与政策也是围绕着这种新旧时代的跨越，着力于实现在对新时代的适应追赶与抢占先机和对旧秩序的稳定之间形成平衡。

1. 对新时代的追赶与抢占先机

必须指出，在历史中，不是所有的政府对于新技术和新的社会结构都能充满兴奋并积极适应的，与之相反，历史上大多数政府对于新的社会变革总是抱有疑虑甚至排斥的态度。因为它们担心在新的技术条件和社会结构下无法保持有原有的权威与优势。值得庆幸的是，工业革命之后所带来的巨大人类社会变革、产业转型和全球竞争所塑造的主要国家政府都深刻认识到只有不断抓住新的技术进步适应新的社会阶段，才能在未来竞争中延续甚至强化自身的权威和国家的利益。而它们本身也正是由于这些巨大的竞争和变革的产物。因此，主要发达国家在面对新一轮网络社会到来的挑战时，无论其内心是否乐意，但无一例外都是以积极主动的姿态来迎接这种挑战和促进对其的适应。具体而言，表现在以下几个方面。

---

① 何哲：《网络社会时代的政府组织结构变革》，《甘肃行政学院学报》，2015年第3期。

第一，政府主动作为，促进国内变革。在面对社会结构的重大历史转型期时，公民、企业、社会自身的转型虽然是会相应自发产生的。然而，政府的态度决定了整个国家社会适应新时代的基调和姿态，政府一旦持有否定或逆向的态度并制定相应政策，会极大遏制社会本身的转型。可以看到，主要发达国家政府在面向网络时代新的历史未来时，均率先做出积极表率，来带动整个国家社会的转型。其中典型的就是美国政府数据公开，建立首席信息官制度，构建国家高速互联网计划等的实施等。欧洲主要国家政府亦同期建立了数字政府计划，并制定促进全社会向网络时代的转型策略。

第二，抢占战略机遇，扩展战略空间。网络时代与传统时代最大的不同是其构建了新的空间域。而新空间域的构建，就意味着新战略机遇期的到来。以美国为例，美国历来极为重视新的空间域的重要战略作用，在历史上，美国建国初 50 年即将国土从大西洋沿岸拓展到太平洋沿岸，19 世纪末又提出了海权论，通过 50 年时间又控制了全球主要水路大洋，第二次世界大战后，又将战略空间锁定在太空领域，进入 21 世纪又将战略重点投向网络空间①。可以说，永远在新的空间域占领先机，是美国以及其他主要发达国家的一个主要长期战略。以美国为例，其在网络社会新的战略行为主要包括：技术上控制技术制高点，全球互联网的核心技术和协议架构体系基本都是美国率先提出的，其技术制高点始终被美国牢牢垄断；战略上投入高度关注，在网络基础设施建设和各方面技术应用上予高度关注和持续投入，在政策上加强对整个网络的主导权；秩序上构建以美国等为主导的新行为秩序，包括在国内立法和国际立法方面建构整个网络空间的行为秩序。

第三，协同国际盟友，确立国际秩序。网络新的空间疆域的核心特点就是跨越传统的主权界限，从而使网络治理不得不依赖于多个传统时代的主权体协作才能有可能。那么在多个主权体协作的状态下，谁能够主导建立新时代的全球行为秩序并被广泛接受，谁就当仁不让成为新时代下的优势国家。而美国深知这一点，在其《网络空间国际战略》中，其核心主题就是通过合作来实现网

① 万青：《美国的老边疆、新边疆、高边疆战略》，《世界知识》，1986 年第 6 期。

络国际新秩序的构建，这种合作不仅包括传统西方发达盟友国家，也包括广大不发达国家，通过援助基础设施建设等来扩展美国的主导权。除政府之外，大的网络公司也在强化其所属在网络国际秩序方面的优势地位，如谷歌公司试图在全球构建的全球免费无线互联网也从具体实现层面促进了美国在网络空间国际秩序方面的新优势。

2. 对旧秩序的维护与新旧秩序转换连续性的构架

面对新的历史，主要发达国家尽管都建立了以全面适应和建立新竞争优势的导向，然而这并不意味着就对新时代的一切都采用全盘接受的态度而忽略对原有秩序的维护。相反，主要发达国家一方面在积极适应新社会阶段的情况下，另一方面竭力避免网络社会原有秩序的冲击。毕竟，对新时代的适应究其根本是为了竭力维持传统时代发达国家普遍的优势地位。

总体而言，主要发达国家对旧秩序的维护和新旧的秩序连续性的建立体现在以下几个方面。

第一，高度戒备新技术产生的新安全威胁，减少对传统秩序的冲击。网络社会在带来广域范围社会流动性的同时，也产生了相应的安全威胁，如各种网络犯罪、网络恐怖主义等。主要发达国家深知这一点，因此对这一领域的安全挑战高度关注，并且主动采用新的网络技术来应对网络社会产生的安全威胁。绝不允许在社会转型过程中让来自新技术的威胁破坏整个传统社会的安全秩序。因此，充分利用新技术实施监控与反制，形成新的技术平衡，并利用法律保障来强化旧秩序在新社会的延续性。从而实现充分利用新技术促进社会发展和生产力提升的同时，严厉制约可能产生的安全风险。

第二，高度戒备新的历史条件下形成新势力的崛起与挑战。人类历史上重大阶段性社会转型往往带来新旧势力之间的转换，因为新的技术与社会结构给予了新势力崛起的机遇，也带来了新的国际政治的挑战手段。以美国为首的传统政治大国也在竭力通过各种手段来遏制新势力利用网络时代到来挑战传统的政治格局。因此，不断确立网络空间新的国家战略来确保自己始终处在战略优势地位，这既可以说是对新时代的适应，也是对旧的优势地位的捍卫。

第三，以国际合作和发达国家联盟的形式来确保旧秩序在新时代的延续。尽管主要发达国家网络社会治理方面有所分歧，如欧盟2015年宣布欧美数据共享协议失效，美国互联网公司不能再离岸存储欧洲数据。但总体而言，主要发达国家还是呈现出一种合作的态势来共同确保在新时代原有国际格局的稳定与延续。如2001年主要发达国家合作提出的《网络空间犯罪公约》，2011年以英美为首发起的以网络全球治理为主题的“伦敦进程”等①。总体而言，传统时代的大国都试图用主导新时代国际秩序的方式来延续旧时代的优势和传统格局。

（三）对中国网络社会治理与战略的借鉴

研究国外的实践，其目的在于对中国网络社会治理与战略有所借鉴。可以说，中国自互联网诞生起，就高度关注互联网在经济社会方面的应用，促进全社会的信息化与网络化时代转型。自20世纪90年代起，中国政府率先开始了政府信息化工程建设和国家互联网高速公路建设；进入21世纪后，又进一步推进了电子政务建设。自2012年党的十八大之后，更加关注网络社会的治理与适应，2014年12月中央网络安全和信息化领导小组成立，由习近平总书记亲任组长。2015年又相继提出了“互联网＋”行动计划，国家大数据战略和网络强国战略等，并在党的十八届五中全会公报上给予明确表述。可以说，中国政府一直都在高度关注网络社会的前沿领域并将其作为重要的新历史机遇给予重大关注。那么就未来而言，国外主要发达国家网络社会治理与战略可以有哪些借鉴？总体而言，也可以集中在新与旧时代转换的两个方面。

1. 高度重视历史重大转型，抢占网络空间制高点，抓住时代转换所带来的重大历史机遇

网络时代所带来对中国的新的重大历史转型机遇主要体现在三个层面：

第一，网络时代新的技术手段的变革从而导致原有全球经济（包括生产和

① 黄志雄：《2011年“伦敦进程”与网络安全国际立法的未来走向》。《法学评论》，2013年第4期。

交易）形态会发生重大的变革，为新的经济强国崛起打下基础。这就导致传统时代世界的经济版图和竞争方式发生了重大的变化，原先的经济强国可能会因为转型成本过高或者安于传统优势而在新时代失去竞争优势，这就是所谓的“英国病”或者“荷兰病”。而对于抓住技术转换机遇的国家而言，往往能在很短的时间内实现经济的腾飞和国家的崛起。

第二，网络时代新的社会空间域改变了传统国与国之间的交互与竞争方式，从而对新型大国的崛起，创造了新的全球环境。传统时代的竞争主要是依托于实际物理地域，而历经两次大战和冷战的结束，传统时代全球治理架构的基本形态和结构业已完成。因此，新崛起的新兴国家很难在传统的全球架构下获取更大空间的生存机遇。而网络时代新的空间域的形成，构建了超越传统疆域的几乎无限的新的主权活动空间，形成了覆盖全球的新的完整的空间体。而通过新的空间域，主权国家可以将其影响力以不影响原有国际架构的形态重新扩展到全球，并从事经济社会文化活动，从而汲取源源不断的经济收益与创新收益，并形成对传统格局的挑战，将网络空间战略优势转化为现实空间战略优势。

第三，网络时代即将塑造新的文明形态，谁能率先演化到新的文明形态，谁就占据文明竞争的制高点。在人类历史中，每一次重大的历史性转型，整个文明形态都会发生重大的改变。尽管我们无法知道网络社会人类即将到来文明形态会具体是怎样，但有一点是明确的，即网络社会作为一个新的历史阶段的到来，一定会塑造人类新的文明形态。因此，各个不同的文明将在新的平台以新的形式组织、生存和竞争。实际上对于文明的冲突，西方的知识精英是有着充分的认识的，如亨廷顿就非常鲜明地提出了文明的竞争将成为全球竞争的主要形态[①]。

在适应网络社会带来的挑战和抓住历史机遇而言，能做领域非常多，但就政府而言，应该重点聚焦于以下领域。

一是努力攻克网络技术难关，抢占技术制高点。网络技术对于网络社会的

---

① Huntington，S.（1996）. The Clash of Civilization and the Remake of the World Order. New York：Simon & Schluste.

关键作用就好比冶金、能源技术对于工业社会一样，没有关键冶金、能源技术的支撑，在工业时代就永远受制于人。在网络时代，关键技术掌握着网络社会整体的运作架构、连接性与安全性。更确切的比喻，网络社会关键技术的掌握，就好比在现实世界对物理定律的掌握一样。而当前，主要网络技术和协议几乎全由美国提出和掌握，对于中国而言，必须在理解、吃透的基础上能够自由掌握和运用这些基础技术。

二是以政府网络化转型为核心带动社会网络化转型。政府是传统社会连接的中心，控制着现实社会中相当比重的社会资源与信息，塑造着现实社会基本的社会结构。只有政府通过网络技术和社会架构形成开放、透明、柔性、高效、整合的政府，才能带动全社会的网络化转型。政府只有转变了行为和监管方式，社会才能更有效地向网络时代的社会行为和生产经营交易方式转变。

三是塑造新时代的网络空间国际秩序。尽管传统时代发达国家试图延续在网络空间中的治理优势和传统架构。但这不意味着在网络空间治理中，没有重新确立治理格局的机遇。其核心在于三者：一要进一步加强国内网络空间秩序的塑造，建立新的文明观和文明形态，构建开放、共享、安全、公平、正义、法治等为核心架构的网络文明形态；二要在国内秩序构建的基础上，加强发展中国家的联合合作，构建基础设施建设和网络行为标准规范；三要在攻克核心技术的基础上，参与影响主要发达国家设置的全球网络空间秩序议程。这种参与不是空泛的参加，而是在国内网络文明构建基础上形成具有核心影响力的秩序认同体系，并将其价值传播影响到未来全球网络秩序的构建。

2. 高度重视网络社会转型所带来的冲击，实现新旧时代的平稳转换

网络社会的转型必然对中国带来严重的冲击，主要体现在几个方面，一是政府的职能、结构、行为方式要发生深刻的转变；二是经济的组织方式、运作方式、乃至包括网络化后可能带来的巨大失业问题产生的冲击；三是社会管理的巨大改变，包括产生新的安全威胁，对于依然处于较为严重的矛盾突发期的国家来说，更要小心应对。总而言之，这种冲击是极为重大的，无论对于政府体系、经济运行还是社会本身而言，都要面临如何小心翼翼实现新旧转换的问

题。重点而言，可以集中在三个层面：

第一，高度重视网络社会转型中的政府监管漏洞与失序问题。当网络社会政府发生重大职能和结构转变的同时，面对新的社会事务，很大程度上会发生监管漏洞与失序问题。政府要在自身职能、结构转型的同时将重点投射到网络社会新出现的新事物、新问题上，在促进其发展的同时要密切关注其可能带来的监管失序问题。当然，监管也要遵循网络时代的特征，而不能危害到对新时代的适应和促进。

第二，高度重视经济结构调整带来的社会动荡问题。经济结构调整既关系到国家竞争力和财富创造，也关系到公民基本生活。没有转型，就没有竞争力和创造，但是转型一定会带来严重的社会危机，其重点在于失业和财富分配不均。网络社会以及相应的人工智慧的应用一定会带来更为严重的失业危机，这一点需要被高度重视。

第三，高度重视网络社会带来的新安全威胁问题。网络社会所带来的高社会流动性，要求整个社会安全管理与处置体系要进行巨大的转型和调整。这既包括要刻不容缓地出台关于网络行为秩序和保障个人权利的一系列法律，也包括要利用网络手段来反制网络技术带来的新威胁和挑战，包括来自域外势力通过网络实施的威胁等。

五、中国网络社会的治理原则

（一）网络社会中的公共“治理”

本书从一开始，在谈及网络社会时，均使用了“治理”而不是“管理”“管制”“控制”“统治”等说法，是因为“治理”恰恰是网络社会中唯一能够可行并且有重要意义的公共管理方式和策略。

相对于管理（management）或者统治（government），治理（governance）作为一个概念的提出，并不是一个很长的时间。从20世纪80年代中后期学者的陆续讨论，到90年代多个国际组织的正式报告（包括世界银行1992年度报告的标题就是《治理与发展》，经济合作与发展组织1996的报告《促进参与式发展和善治的项目评估》等)。均体现了一个基本的事实，即从管理到治理的转变，是全球公共管理领域的重要的突破和变革。1995年，全球治理委员会将治理界定为“治理是各种公共的或私人的个人和机构管理其共同事务的诸多方式的总和。它是使相互冲突的或不同的利益得以调和并且采取联合行动的持续的过程。这既包括有权迫使人们服从的正式制度和规则，也包括各种人们同意或以符合其利益的非正式的制度安排。它有四个特征：治理不是一整套规则，也不是一种活动，而是一个过程；治理过程的基础不是控制，而是协调；治理既涉及公共部门，也包括私人部门；治理不是一种正式的制度，而是持续的互动。

作为国内对治理领域较早的探索者、理论总结者和倡导者，俞可平教授认为，“治理”(governance)与“统治”(government)从词面上看似乎差别并不大，但其实际含义却有很大的不同。”他认为，“治理与统治的最基本的，甚至可以说是本质性的区别就是，治理虽然需要权威，但这个权威并非一定是政府机关；而统治的权威则必定是政府。”“治理的实质在于建立在市场原则、公共利益和认同之上的合作。它所拥有的管理机制主要不依靠政府的权威，而是合作网络的权威。其权力向度是多元的、相互的，而不是单一的和自上而下的。”①

此外，俞可平教授还认为，治理与统治的另一个区别是权力运行的向度不同。“治理的实质在于建立在市场原则、公共利益和认同之上的合作。它所拥有的管理机制主要不依靠政府的权威，而是合作网络的权威。其权力向度是多元的、相互的，而不是单一的和自上而下的。”“政府统治的权力运行方向总是自上而下的，它运用政府的政治权威，通过发号施令、制定政策和实施政策，对社会公共事务实行单一向度的管理。与此不同，治理则是一个上下互动的管理过程，它主要通过合作、协商、伙伴关系、确立认同和共同的目标等方式实施对公共事务的管理。治理的实质在于建立在市场原则、公共利益和认同之上的合作。它所拥有的管理机制主要不依靠政府的权威，而是合作网络的权威。

① 俞可平：《治理与善治》，北京：社会科学文献出版社，2000年版，第5～7页。

其权力向度是多元的、相互的，而不是单一的和自上而下的。”①

根据以上的概念和讨论，我们可以进一步归纳出治理理念的若干核心特征。

1. 多元主体性

正如全球治理委员会的治理概念中所述，治理的主体是“各种公共的或私人的个人和机构”。从这个定义来看，治理主体的多元性体现在以下几点。

一是数量上呈现的多元性，从数量而言，治理中的主体并不是单一的某个个体，而是各种个体的组合。

二是属性上呈现的多元性，即治理的主体既可以是公共机构，如传统的政府，也可以是非政府控制下的社会公益组织，此外，公民个体以及公民私人所有的盈利性的组织，也是治理中的重要主体。也就是说，在治理中，治理主体并不受其自身属性的限制，只要是在法律框架下，具有法律赋予权利的主体，都是治理中的重要主体，因此，无论是从数量而言，还是从属性而言。治理中的主体都呈现为多元性，并且这种多元性是治理中的最重要的属性，决定了治理的其他基本属性。

2. 协同共治

治理的第二个特性是协同性。所谓协同，其出自于作为新三论的协同学。协同学研究协同系统在外参量的驱动下和在子系统之间的相互作用下，以自组织的方式在宏观尺度上形成空间、时间或功能有序结构的条件、特点及其演化规律。所谓协同，就是指在一个系统中两个或者两个以上的不同资源或者个体，通过互动从而者实现某种结构和完成某种功能的过程或能力。这种过程，描述了一种系统不是由于单一的命令控制单元的控制，而是仅凭系统内部的微观单元的互动从而在宏观上形成有序结构的过程。

具体到社会治理中，协同就体现为，整个社会的基本秩序，行为准则和社会结构，并不是由单一的政府或者其他外力强制形成的，而是通过在整个社会中各种个体和组织之间的密切互动从而演化形成的。这种协同共治体现

---

① 俞可平：《治理和善治引论》，《马克思主义与现实》1999年第5期。

了治理中的动态特性，即社会秩序是由微观治理主体的互动从而形成协调的。

3. 正式与非正式性

正式性与非正式性的混合是治理的又一重要特性。这一特性是由治理的多元性和协同共治所共同决定的。当社会秩序都是由政府或者其他单一的社会权威中心单一形成和提供的时，那么社会秩序主要体现为正式性。例如，在传统计划经济时代，政府社会市场的边界模糊，整个社会规则都是以正式形式形成的，如宪法、法律、政府的公文命令。

而当治理的主体是由包括除正式的政府和政府所主导的社会组织以及其他不由政府主导的各种类型的主体所组成时，特别是社会秩序是由各种类型的微观主体所互动形成时，那么必然社会秩序既包括由政府所主导制定的各种法律法规，也包括其他由社会中各类主体在法律框架内通过合作和契约关系形成的各类非正式的制度规则。因此，社会规则的正式性与非正式性的混合是治理主体多元化和协同共治所共同决定的。

4. 多方向性

治理中的多方向性是指整个社会秩序形成的方向是多方向性的。其既包括传统的自顶向下，也包括自底向上，还包括横向的传递和模仿等。

在传统由政府单一形成社会秩序的状态下，社会中的秩序的形成必然是以自顶向下形成的。这种自顶向下包括两个阶段：一是在政府内部，秩序的形成的决策是由政府的最高层级逐层向下层政府传递的；二是在政府外部，是由政府作为主导形成并由整个社会所接受的，是严格意义上的自顶向下。

随着社会的发展，社会秩序逐渐由政府的单一提供转为由社会主体互动形成时，必然打破了这种单一由政府自顶向下形成秩序的单向性。这种打破既包括秩序的自底向上，也包括秩序的横向形成。

自底向上的秩序包括两个阶段：第一阶段是由社会中的非政府的各类主体形成秩序并被基层政府所接受和吸纳；第二阶段是由基层政府向上级政府的政策传递，从而形成自底向上的政策形成过程最终形成国家意志和法律，改革开放后的许多政策都说明了自底向上已经成为当今重要的政策形成方向。

此外，横向形成的秩序也是重要的秩序形成方向。这体现在两个方面，一是各类主体之间的相互影响和借鉴，例如许多非正式在契约形成都参考了其他类似主体之间契约，这是一种横向的借鉴。另一种包括政府层面的横向借鉴，例如某一区域的政策明显借鉴了其他区域的政策，这就是区域间由于协同而形成的制度的横向影响。

总体而言，“治理”相对于“统治”或者“管理”，关键是形成了多元、多中心、多方向的协同秩序模式[①]。治理这一语汇，已经广泛用于当代中国现实社会的公共事务之中，例如公民社会的崛起，社会管理创新等一系列问题均体现了从统治或者管制到治理的变化。然而，治理对于网络社会具有更为明显的重要作用。这一点，如之前的讨论可以看出，网络社会所具有的非中心性，协同性，不确定性等，已经高度模糊了原有单一的社会结构。尽管我们承认现实社会也正在逐渐进入政府、市场、社会多元主导的格局，但是中国社会目前依然呈现了以政府单一导向的层级社会模式，只是这一模式正在逐渐被模糊化。然而，在网络社会中，由于网络社会的根本特性，这一单一模式根本就不存在。因此，对于网络社会而言，只有网络各个主体协同参与的治理思想，才是唯一能够实现网络社会有效治理的措施。

（二）网络社会公共治理的基本前提

根据之前对于网络社会概念的辨析和对网络社会本质上复杂的系统和中国网络社会自身特殊性的探讨，可以发现，网络社会治理必须承认以下的若干前提。

1. 要承认网络社会的相对独立性和独特性

在谈及网络社会的公共治理问题时，首先要明确的第一个原则就是要承认网络社会是与传统的现实社会有明显不同的，是具有自身的相对独立性和独特性的。在本书开始，我们就讨论了三种对网络社会不同的理解。对于第一种自

---

① 俞可平：《从统治到治理》，《学习时报》，2001年1月22日，第3版。

由放任的倾向，目前已经逐渐不被支持，对于网络社会进行管理已经成为一种共识；对于第二种观点，目前依然有相当数量的支持者，即认为网络社会与传统社会一样，应该如同对传统社会治理一样用严密的控制手段进行细致的控制。这种观点实际上是抹杀了网络社会的相对独立性。正如我们之前的分析表明，网络社会无论从静态结构还是从动态机制来说，与传统社会的组织行为方式都明显不同。那种认为试图用传统手段就可以把网络社会控制住的想法，无论是从技术上能力上，还是从实施的效果上都是不可能实现的。因此，对网络社会进行治理，就首先要打破和放下这种试图用传统手段进行权威控制的基本观念和幻想。

2. 要承认网络社会的非中心性的客观事实

网络社会与传统社会最大的区别是什么？从静态组织的角度，就是网络社会是一个彻底的非中心性的结构。在网络社会中，传统意义上的权威已经消失，任何两个节点和节点之间虽然都可以发生密切的互动，但这两个节点之间没有相互的约束关系。传统社会中基于阶层、教育、知识、身份等用以形成有序社会结构的约束要素在网络社会全部变成非约束性的要素。因此，传统的权威中心在网络社会被彻底的消解。每个节点都自成一个中心，然后各个中心以互动的形式结成整个网络，这就是网络社会非中心性的最根本的含义。对于这一点，集中体现在这样一句话“在网络时代，人人面前都有麦克风，人人都是媒体，人人都是记者”①。

承认网络社会非中心性的客观事实，就要求在制定网络社会公共治理策略时，要进一步放弃只是寄希望传统的通过行政手段控制某些消息源，辟谣等基本的方式的幻想，而是进一步的要重视网络社会的全节点参与。

3. 要重视网络社会动态协同性的作用

所谓协同性，就是网络中节点与节点之间的互相干涉影响的互动关系。具体而言，就是体现在网络社会中的，对某一个具体的行为个体影响最大的不是某一两个所谓权威的信息源，而是与这一个体密切关系的其他行为个体，并对

① 这句话最早来自广东省委副书记对“乌坎事件”的总结。

其他个体产生反作用。因此，网络中个体行为与其他个体的行为高度相关，这就加大了网络社会公共治理的难度，也从另一个方面体现了治理网络社会难以通过原先的单一权威控制的手段进行，而是要加强对整个群体的影响，这种影响并不是一朝一夕形成的，而与社会信任等高度相关。

4. 要高度警惕网络社会中涌现机制的影响

涌现机制如前所述是与不确定性，突变性等高度相关的，具体在网络社会中体现为某些公共事件的突然的发生。这种作用是由网络社会所具有的非中心性，高度复杂性，隐秘性，超空间性，协同性等因素而产生的。涌现机制的存在，使网络社会的实质状况不体现在所反映的信息的表面，而是不断蕴含着变化的可能和风险的。如同平静的水面下可能蕴含着极大的旋涡和湍流并随时能够掀起很大的巨浪，认识到这种涌现机制的存在，就要求在治理网络社会时，不能够仅仅以事发后的事件治理为主，而忽略了整个网络社会中所蕴含的暗流。

（三）网络社会公共治理的原则

在之前的前提基础上，网络社会治理必须要遵循以下的原则。

1. 遵循网络社会的基本特点与规律

网络社会治理中的首要原则是必须要认识和遵循网络社会所具有的特殊规律。当前一种较为代表性的观点认为，网络社会与传统社会本质上没有区别，因此只需要进行严格管制和实名制等手段就可以实现有效治理。这种观点实际上没有认识到网络社会与传统社会的独特性。

根据之前的分析，网络社会与传统社会相比，至少具有以下八个方面的特点。一是高度的复杂性。网络社会的复杂性体现在几个方面：网络社会中的主体数量众多；主体多样性，既有普通中既有成年网民，又有大量的未成年网民；社会组织中既有企业、普通公民组织，也有各种原因形成的特殊群体；网络社会中缺乏稳定的权力中心，使监管无法沿用简单的自上而下监管；网络社会由于信息的高度传播和交互，产生了复杂的激励和演化机制，往往网络事件和引发的群体性事件极具有突发性，难以被察觉和预测。二是跨时空性。网络社会本质是跨时空性的，主要表现为网络之间的交流超越了通常的时空限制，可以做到即时性、跨地域性；并且由于网络信息的储存与检索机制，既往的网络事件和信息也可以对后来的事件产生极为强烈的影响。三是高度的流动性与动态性。由于网络信息传播与交流的跨时空性，使网络社会中虚拟的个体本身具有高度的流动性。在极短的时间内，某一网络虚拟社区或者热点话题就会聚集大量的网络个体。产生极为强烈的公众舆论效果和动员能力。四是冲击与对抗性。由于高度的流动性与跨时空性，使不同地域，不同背景，持有不同观念的人们能够在同时进行思想的交流和碰撞。原先被时空限制的思维的碰撞在网络空间中得以爆发；五是隐蔽性。隐蔽性是网络空间的重要特性，现实个体可以拥有多个网络身份，并且可以伪造网络身份而不易被察觉。六是权力的转移与技术的对等性。在传统社会中，政府由于拥有更大的资源优势和法定的暴力权，所以力量对比而言，政府拥有绝对的优势。而在网络时代，谁拥有技术谁就拥有网络的更大优势，所以整体而言政府的绝对优势被极大地削弱。网络主体之间呈现出大体均等的态势。七是极为松散的结构体系。由于权力的转移和技术的大体对等，使网络整体上呈现出极为松散的特性，一方面表现为基本组织结构的松散型；另一方面也表现为网络中缺乏主流的意识形态，而呈现出极为多元的各种思想和观念的汇聚。八是跨国性和文化干预性。传统时代，跨国之间的文化交流受制于传统媒介和渠道的控制，从而使国与国之间的意识形态的交流更加的间接性，然而在网络时代，各国网民之间可以互相通过网络进行直接的对话与交流，而有目的的意识形态输入也成为可能，这就更加增加了一国网络治理的复杂性。

以上的这八个特点是网络社会治理时必须要考虑的，任何治理策略都不能回避和无视以上的特点。

2. 协同共治的原则

由于网络社会以上的诸多特点，使网络社会的治理必须要改变传统的管制思想，而是采用协同共治的原则。所谓协同共治，就是网络社会的治理并不是由政府通过管制单方面提供公共秩序，而是由于社会中的各个主体（包括政府、社会组织、企业、公民）共同在基本的网络社会准则和规定下通过互动而实现公共秩序的供给。由于网络社会的高度复杂性（包括非中心性、不确定性，突发性等），使协同共治是网络社会治理唯一有可能形成稳定治理结构的唯一途径。在协同共治原则下，要积极促进网络社区的自治，从而形成网络社会的多元主体共同治理的格局。

3. 全民治理的原则

与协同共治相一致，网络社会也要求实现全民治理。也就是说所有网民都是网络社会治理的主体，必须使人人都在网络社会的规范下，对自己的言行负责，并且积极参与到网络社会秩序的维护中，才能实现网络社会的有效治理。这同时也要求有高度的网络社会基本价值观的共识。

4. 虚实结合的原则

所谓虚实结合，是指在网络社会的治理中既要考虑到网络社会本身的特殊性，又要结合现有实际社会治理体系中的优点和机制。例如，对于不同的侵害他人权益和危害公共安全的行为，要进行系统合理的界定，给予不同程度上的规制。对于哪些行为，适用于网络世界的处罚规定，而哪些行为应该对实际的真实个体进行违法犯罪处罚给予具体的界定；并且在网络处罚和现实处罚中，还需要进行更为详细的界定。总而言之，要形成完整的从对虚拟个体行为到对现实个体行为约束的体系。

5. 以法治网的原则

法律是网络治理和约束网络个体行为规范的基本指导原则。网络社会是否能够最终得以有效治理，其根本的保障是能否形成对网络基本价值的共识并在此基础上形成对具体的约束网络行为的规范体系。这种规范最终是以法律法规体系的形式呈现的。只有在法律体系完善的情况下，才能够有效的对什么是允许的行为，什么是不允许的以及将受到何种处罚进行明确的界定。如果没有这样的清晰的法律体系界定，则会陷入两种可能：要么管制的努力流于形式；要么会由于缺乏明确的行为界限而使正常的网络言行也受到干扰，从而压制正常的网络活动和交往。因此，必须要梳理以法治网的理念、原则和完善相应的体系。

（四）网络社会的公共治理策略

根据以上的分析，我们正式提出网络社会的若干公共治理策略。

1. 形成全面治理、全民治理的理念

所谓全面治理，就是治理的内容和导向是多目标的[①]；所谓全民治理，就是强调每一个公民，每一个社会组织都要参与到网络社会的治理中。从全面治理的角度，正如我们多次强调，网络社会包括了社会、经济、政治的各项内容，是纯粹的虚拟社会与现实社会的混合态。因此，治理网络社会既包括政治维度，也包括经济、社会等各方面的维度等。至少要体现，政治的包容与有序，经济的效率与秩序，社会的信任与发展等维度。从全民治理的角度，就要放弃政府单一治理的思想，而是重视每一个网络公民，每一个网络主体的治理作用，通过整体网络环境的改善，从改善网络微观主体的行为出发进行网络治理。

2. 建立真实与虚拟相结合的治理策略

本书多次强调了网络社会是真实与虚拟社会的混合态，因此在治理上要兼顾两种不同的特性。即不能将网络行为与真实行为一一比照，完全依赖对自然人的控制实现网络主体治理，也不能绝对的放任。例如，某些不影响实际社会生活的网络行为如个别轻微的网络不理性行为等可以仅仅用网络规范进行约束，而对于严重危害实际生活秩序的网络暴露行为采用实际的现实控制方式。当然，对这种边界和尺度的掌握亦是一个需要反复实践的过程。

3. 强调网络社会的自治性，但应该加强引导

由于网络社会的非中心性等特性，网络社会的治理必然不能（也不可能）简单地依靠政府的单一治理。因此，最终良好的治理是依赖网络社会的自治。而这种自治，并不能简单地等待网络社会自发地形成各种治理原则（因为自发

---

① 俞可平：《增量政治改革与社会主义政治文明建设》，《公共管理学报》，2004年第1期。

形成的治理原则很容易产生碎片性和封闭性，例如很多网络社区为了便于治理就严格限定参与的人数等，这不利于网络社会加强信息沟通的基本出发点），而是要进行有序的引导。因此，要加强对网络社会自治的引导。这种引导就是建立在民主与法治基础上的。

4. 建立民主与法治基础上的网络社会的自治体系

民主与法治不仅仅是在现实社会中实现“善治”的必然条件，也适用于网络社会。并且由于网络社会天然的特性，也只能够由于民主与法治进行治理。在民主与法治的基础上，要利用网络社会的自治原则，要将网络社会自发形成秩序的自组织性引导归纳到有序的民主与法治原则中来。具体来讲，要首先逐步完善网络社会的立法，这种立法不仅包括简单的规定，还要包括如整个网络社会宪法一样的基本原则以及起到公共网络社会社区立法原则，也就是要有网络社会的宪法、立法法。在此基础上，要推动公共网络社会社区的选举程序，也就是要有网络社会的选举法等，其他的一些法律也应该相应完备。

5. 加强网络舆情的系统观测，逐渐建立对未发生事件的预测方法和体系

网络舆情是影响到非理性公共事件发生的重要因素，要加强网络舆情的监控。但是由于网络的复杂性，对于网络舆情的监控并不是简单的一两个指标或者数据就可以得来的，而是要对海量信息进行长期的综合分析和判断。从某种意义来讲，对舆情的分析，更像是对气候的分析；而对公共事件发生的预测，就像是具体的天气预报。整体来说，只能得到一个相对发生的概率而不能进行精确的预测，并且要在长期监测的基础上，建立系统的分析模型并对可能发生的公共事件进行预测。如果从难度来讲，对于舆情的监测难度比天气预报要复杂得多。可能需要大量的投入和长期艰深的研究，要建立系统的观测网络，研究相应的观测方法和预测模型，并进行复杂大量的人工判断。

6. 加强实际政府治理的公开、透明、参与和信任度

正如前所述，中国网络社会的重要特征就是高度的政治化和对现实的高度

影响。这种影响直接的来源是现实社会中公民参与政治渠道的不通畅和法治原则的薄弱，使正义往往无法有效的在现实社会中彰显，只能以非理性的形式在网络社会中传播并以激发起突变性的公共事件为一个暂时结束。而无论是非理性公共事件起因的源头也好，还是传播过程中的放大也好，都是与现实社会中的实际治理问题高度相关的。只有真正解决了现实社会中的政府的公开、透明、参与、和信任等问题，也才能够真正地使政府成为一种被信任的消息源存在于网络，有助于网络社会的治理。

7. 加强实际政治的民主与法治，构建良好有序的社会治理状况

只有在真实的社会中，通过民主与法治实现良好的治理，才能在网络社会中实现网络有序的治理。也只有通过民主法治实现了实际生活中的公平正义，也才能有效地消减网络社会种种暴力事件的发生。反过来，要通过网络社会的手段和尝试，进一步改进和增强现实社会中的民主与法治，实现整个社会的善治。

（五）建立“引导—协商—立法—自治”的网络社会治理体系

由于网络社会的治理是一个还远未形成共识的领域，因此只是勾勒出大的治理格局与框架。在以上的关于网络社会若干重要问题的解决基础上以及网络社会若干治理准则下，网络社会的治理最终需要建立起“引导—协商—立法—自治”四位一体的综合治理体系。其中，“引导—协商—立法—自治”既是一个完整的治理体系，也是逐步完善网络社会治理体系的过程。

1. 引导

所谓引导，是指在网络社会治理初期，由于缺乏可以借鉴或者成形的制度和经验，政府和权威机构对网络社会的运行主要通过宣传教育以道德约束的手段来对网络社会的基本行为进行规范，并逐渐形成关于网络社会内部价值和运行规范的基本共识。

2. 协商

所谓协商，从对象来看，既包括政府与网民之间关于网络社会治理的协

商，也包括网络社会中各个主体之间的互动协商。从内容来看，既包括对网络社会基本伦理价值，治理体制等软性约束要素的协商，也包括对关于网络社会行为立法的硬性约束的协商。

3. 立法

所谓立法，就是要通过法律体系的手段形成对网络社会基本行为规范的硬约束。网络社会的法律体系不仅仅包括对行为人的网路行为的约束和处罚，也包括网络社会本身内部对虚拟的网络主体的行为约束和惩罚，从而形成跨越真实与虚拟社会的共同的法律体系。

4. 自治

以上的关于网络社会的共同伦理价值的软约束以及法律体系的硬约束形成后，网络社会内更多的是要通过在法律体系和引导与协商的机制下，形成各个网络社区的自治。最终促进整个网络社会治理结构的形成。而在自治过程中，不仅仅需要法律体系的规范的保障，也需要协商机制的建立和政府以及权威组织对网络社会个体的引导。

小　结

本章从网络社会对传统模式的挑战入手，讨论了网络社会治理的若干关键问题，以及当前我国网络社会治理的一些不足和改进，再从国外经验入手，提出我国网络社会治理的一些借鉴，最后探讨网络社会治理的基本原则。网络社会的治理不能沿用传统时代的治理模式，而是融合网络社会与传统社会特点的新的治理模式，尊重和承认网络社会结构与社会行为的新特点，形成完整的治理体系。从治理的策略和路径而言，应该形成“引导—协商—立法—自治”的治理路径并逐渐升级完善。

结　语

行文至此，读者可以发现，本书是一本纯理论探讨的著述，从各个方面对网络社会所引发的挑战和网络社会的治理转型进行了理论上的探讨。在最后的结语中，还需要再次强调的是，当今中国正在经历一场深刻的变革，这种变革既包括从农业、工业文明向后工业、知识文明演化的过程，也包括当前所进行的全面深化改革。而与此相对应，中国也同时面对着网络社会到来所带来的重大转型压力。可以看出，在中国这一地域辽阔，地区与城乡差异巨大的国家，要同时完成这三种转变，是非常具有挑战性的。然而，时代的进步如同奔流不息的滔滔河流一样，不是由人的主观意愿所决定的。因此，对于网络社会的适应与治理转型，是当前整个国家的治理体系必须要进行适应与完成的。而其中最为关键的是，要从上到下对网络社会兴起的重大历史转型意义给予深刻的战略上的理解。要理解到，网络社会的兴起虽然是一种挑战，但也是中华民族在新一轮历史契机中掌握主动时代先机的重大机遇。只有牢牢抓住这种机遇，才能在新的人类文明演化阶段中占据优先位置。

本书探讨了这种转型可能涉及的各个方面，当然一定还有很多疏漏，诚挚地希望能够得到读者进一步的交流并感谢读者对作者探索的宽容。

对于在序言中提到的在研究与写作过程中给予作者支持与帮助的各位师友和机构，最后，再次表达深深的谢意。

参考文献

[1]［美］尼葛洛庞帝．数字化生存［M］．海口：海南出版社，1997.

[2]［美］约瑟夫·奈．软实力［M］．北京：中信出版社，2013.

[3]［美］约翰·巴洛．网络独立宣言［J］．清华法治论衡，2004：509-511.

[4] Berlin，I. Four Essays on Liberty［M］. Oxford ： Oxford University Press，1979.

[5] Bostrom，N. Are we living in a computer simulation? ［J］. The Philosophical Quarterly，2003，53（211）：243-255.

[6] Castells，M. The Rise of the Network Society：The Information Age：Economy，Society，and Culture［M］. Atrium：John Wiley & Sons，2011.

[7] Castells，M. Toward a Sociology of the Network Society［J］. Contemporary Sociology，2000，29（5）：693-699.

[8] Coase，R. H. The nature of the firm［J］. Economica，1937，4（16）：386-405.

[9] Coase，R. H. The problem of social cost［J］. The Journal of Law and Economics. 1960，3：1 - 44.

[10] Dijk，V. J. The Network Society（3ed edition）［M］. Thousand Oaks：SAGE Publications Ltd.，2012.

[11] Fung，A.，Gilman H R&Shkabatur，J. Six Models for the Internet + Politics［J］. International Studies Review，2013，15（1）：30 - 47.

[12] Guare，J. Six Degrees of Separation：A Play［M］. New York：Vintage Books，1990.

[13] Kasinathan，G. &Gurumurthy，A. Internet governance and develop-

ment agenda [J] . Economic and Political Weekly，2008：19-23.

[14] Kornai，J. Economics of Shortage [M] . Amsterdam：North-Holland Publishing Company，1980.

[15] Mahadevan，B. Business Models for Internet-Based E-Commerce：An Anatomy [J] . California Management Review，2000，42 (4)：55-69.

[16] Manyika，J. Roxburgh，C. The great transformer：The impact of the Internet on economic growth and prosperity [J] . McKinsey Global Institute，2011，(1)：1-9.

[17] Mill，J. S. On Liberty [M] . London：Macmillan Education，1966.

[18] North，D. C. Institutions，transaction costs and economic growth [J] . Economic inquiry，1987，25 (3)：419-428.

[19] Perritt，H. H. International Administrative Law for the Internet：Mechanisms of Accountability [J] . Administrative Law Review. 1999，51 (3)：871-900.

[20] Pistor，K. Global network finance：Institutional innovation in the global financial market place [J] . Journal of Comparative Economics，2009，37 (4)：552-567.

[21] Pruner，M. Internet and the Practice of Law [J] . Pace Law Review，1998，19 (69)：1-25.

[22] Rizzo，A. A. &Schultheis，M. T. Expanding the Boundaries of Psychology：The Application of Virtual Reality [J] . Psychological Inquiry，2002，13 (2)：134-140.

[23] Volkmer，I. The Global Network Society and the Global Public Sphere [J] . Development，2003，46 (1)：9-16.

[24] 阿里研究院，埃森哲 . 全球跨境 B2C 电商市场展望 [R] . 阿里研究院网站，2015.

[25] 蔡文之 . 国外网络社会研究的新突破——观点评述及对中国的借鉴

[J]. 社会科学，2007，(11)：96-103.

[26] 陈俊. 技术与自由——论马尔库塞的技术审美化思想 [J]. 自然辩证法研究，2010，(3)：50-54.

[27] 陈联俊. 网络社会中国家意识的消解与重构 [J]. 学习与探索，2012，(3)：55-59.

[28] 程玉红，曾静平. 论虚拟网络社会对我国政治发展的影响 [J]. 现代传播：中国传媒大学学报，2011，(9)：110-113.

[29] 丛培影，黄日涵. 网络恐怖主义对国家安全的新挑战 [J]. 江南社会学院学报，2012，14 (2)：1-5.

[30] 崔健双，李铁克. 网络信息系统安全研究现状及热点分析 [J]. 计算机工程与应用，2003，39 (27)：180-185.

[31] 戴汝为，操龙兵. Internet——一个开放的复杂巨系统 [J]. 中国科学：E 辑，2003，33 (4)：289-296.

[32] 戴汝为. 复杂巨系统科学——一门 21 世纪的科学 [J]. 自然杂志，1997，(4)：187-192.

[33] 戴锐，马文静. 网络政治参与与青年政治意识的发展 [J]. 学术交流，2013，(2)：21-25.

[34] 高玉. 从个体自由到群体自由——梁启超自由主义思想的中国化 [J]. 学海，2005，(1)：5-13.

[35] 葛华. 浅议从网络媒介中折射出的社会公信力危机 [J]. 新闻传播，2011，(10)：13-14.

[36] 郝继明. 政府公信力危机：网络舆论的影响机理 [J]. 唯实，2012，(10)：42-45.

[37] 何增科. 中国政府创新的趋势分析——基于五届“中国地方政府创新奖”获奖项目的量化研究 [J]. 北京行政学院学报，2011，(1)：1-8.

[38] 何哲，孙林岩，贺竹磬，李刚. 服务型制造的兴起及其与传统供应链体系的差异 [J]. 软科学，2008，22 (4)：77-81.

[39] 何哲，孙林岩，朱春燕．服务型制造的概念，问题和前瞻 [J]．科学学研究，2010，(1)：53-60.

[40] 何哲．网络社会的基本特性及其公共治理策略 [J]．甘肃行政学院学报，2014，(03)：56-66.

[41] 江宇源．政策轨迹，运营模式与网络经济走向 [J]．改革，2015 (1)：55-65.

[42] 孔繁斌．政治动员的行动逻辑——一个概念模型及其应用 [J]．江苏行政学院学报，2006，2006 (5)：79-84.

[43] 李征．简论"政治动员" [J]．河海大学学报：哲学社会科学版，2004，6 (2)：10-12.

[44] 刘滨，位绍文．以信息化引领管理扁平化 [J]．上海信息化，2013 (6)：28-31.

[45] 刘建华．论网络社会的政治权力转移 [J]．广西师范大学学报：哲学社会科学版，2012，48 (3)：25-28.

[46] 刘卫东，荣荣．网络时代的媒介权力结构与社会利益变迁——以当代中国社会意识形态为视角 [J]．新闻与传播研究，2012，19 (2)：20-27.

[47] 刘友红．人在电脑网络社会里的"虚拟"生存——实践范畴的再思考 [J]．哲学动态，2000，(1)：14-17.

[48] 柳建平．安全、人的安全和国家安全 [J]．世界经济与政治，2005，(2)：55-59

[49] 卢静．国家安全：理论·现实 [J]．外交学院学报，2004，(3)：58-62.

[50] 孟卧杰．论我国网络社会治理的三个有效结合 [J]．天津行政学院学报，2015，17 (6)：89-97.

[51] 欧阳莹之．《复杂系统理论基础》 [M]．上海：上海科技教育出版社，2001.

[52] 潘忠岐．非传统安全问题的理论冲击与困惑 [J]．世界经济与政治，

2004，(3)：38-43.

[53] 庞宇．我国网络立法的困境与路径选择 [J]．行政与法，2015 (4)：117-122.

[54] 彭美，夏燕．全球化视野中的网络社会及其法律建构问题 [J]．学术论坛，2010，33 (5)：161-163.

[55] 戚攻．网络社会——社会学研究的新课题 [J]．探索，2000，(3)：87-89.

[56] 钱学森，于景元，戴汝为．一个科学新领域——开放的复杂巨系统及其方法论 [J]．自然杂志，1990，(1)：3-10.

[57] 沈昌祥，张焕国，冯登国，曹珍富，黄继武．信息安全综述 [J]．中国科学，2007，37 (2)：129-150.

[58] 石中英．论国家文化安全 [J]．北京师范大学学报：社会科学版，2004，(3)：5-14.

[59] 孙林岩，高杰，朱春燕，李刚，何哲．服务型制造：新型的产品模式与制造范式 [J]．中国机械工程，2008，19 (21)：2600-2604.

[60] 孙林岩，李刚，江志斌，郑力，何哲．21 世纪的先进制造模式——服务型制造 [J]．中国机械工程，2007，18 (19)：2307-2312.

[61] 陶蕴芳．网络社会中群体政治认同机制的发生与引导 [J]．中州学刊，2012，(1)：207-210.

[62] 王扩建．网络群体性事件：一种新型危机形态的考量 [J]．天津行政学院学报，2010，12 (2)：29-34.

[63] 王义．网络时代社会组织监管问题初探 [J]．社团管理研究，2011 (5)：33-35.

[64] 吴静，雷雳．网络社会行为的进化心理学解析 [J]．心理研究，2013，6 (2)：9-17.

[65] 武志伟，陈莹．电子商务模式与传统交易模式的比较研究——来自实验经济学的证据 [J]．软科学，2013，27 (12)：120-125.

[66] 肖红春．网络实名制的正当性基础［J］．理论与改革，2012，(4)：80-82.

[67] 薛素芬，鲁浩．关于当前网络社会情绪及其化解疏导的调查分析［J］．河南社会科学，2011，19 (6)：122-124.

[68] 颜泽贤，陈忠，胡皓．复杂系统演化论［J］．北京：人民出版社，1993.

[69] 杨文华．网络文化的意识形态渗透及其应对［J］．理论与改革，2010，(6)：81-84.

[70] 尹建国．我国网络信息的政府治理机制研究［J］．中国法学，2015，(1)：134-151.

[71] 于志刚．网络安全对公共安全，国家安全的嵌入态势和应对策略［J］．法学论坛，2014，29 (6)：5-19.

[72] 俞可平．论全球化与国家主权［J］．马克思主义与现实，2004，(1)：4-21.

[73] 俞可平．增量政治改革与社会主义政治文明建设［J］．公共管理学报，2004，(1)：8-14.

[74] 俞可平．治理和善治：一种新的政治分析框架［J］．南京社会科学，2001，(9)：40-44.

[75] 俞可平．治理与善治［M］．北京：社会科学文献出版社，2000.

[76] 赵惠敏，孙静．税收信息化视角下的税收扁平化管理可行性分析［J］．税务研究，2010，(12)：75-76.

[77] 郑中玉，何明升．“网络社会”的概念辨析［J］．社会学研究，2004，(1)：13-21.

[78] 周琦，陈楷鑫．网络安全国际合作机制探究［J］．当代世界与社会主义，2013，(5)：119-122.

[79] 朱海龙．人际关系，网络社会与社会舆论——以社会动员为视角［J］．湖南师范大学社会科学学报，2011，40 (4)：95-98.

[80] 朱莉欣．塔林网络战国际法手册［J］．河北法学，2014，32（10）：130-135.

[81] 朱廷劭，李昂，宁悦，周明洁，刘蓉晖，张建新．网络社会中个体人格特征及其行为关系［J］．兰州大学学报：社会科学版，2011，39（5）：44-51.